U0056769

隨機應變的家！
孕育住宅計劃書

瑞昇文化

CONTENTS 目錄

第3章 「內裝」的孕育方法 081

裝訂・內文設計:
溝端 貢（ikaruga.）、福田拓真

序章

家既非「商品」，也不是「作品」，而是需要「孕育的個體」

對於家而言，擁有「孕育」觀念是非常重要的。家並不會停止在某階段。而是隨著時光流逝，和在這個家中生活的人們一起成長、變化及老去。在第1章當中，論述了親手參與「新居落成」，並且不斷重複「改造」的過程，才是理想的居住者。

在一個家中，有著即使時光流逝也不會改變的部分，以及會隨之變化的部分。前者是指結構及隔熱等住宅機能的部分。而後者則是格局和設備。將前者稱之為「容器」，將於第2章中說明。後者則稱為「內裝」，並論述於第3章中。

建造房屋需要龐大的資金。對於大部分的人而言，是一輩子僅僅一次的浩大工程，因此會想要盡己所能，完成所有對於家的期望，而結果往往是背上最

大額度的貸款。不過「孕育住宅打造計劃」的資金思考方式卻不一樣。在第4章當中，將對於從新居到改造的資金準備，以及資金的組成做出詳細的說明。

住宅設計並非由「委託」開始，而是從「自己學習」當作起點。從「學習」中的自問自答，找出對於自己而言住宅必要的條件，接著再和建築師一起「共同創造」，這種過程是非常重要的。第5章將論述關於設計的進行方法。

住宅的工程都交給工務店※稍微修正這種思考方式，並改變為「只有必要的部分再請人來處理」。在第6章當中，以享受「孕育住宅打造計劃」樂趣的方式，論述了不過度依賴的住宅設計。

以「孕育」住宅這種觀點來思考，也許「未完成」才是其真正的涵義。刻意從尚未完成、且具有孕育價值的狀態開始居住，是充滿趣味的過程。本來就不需要將「完成」視為一種目的。在第7章中，將以「孕育住宅打造計劃」的案例，說明具體的住宅孕育方式。

※工務店：承包建築的業者或小型公司，類似台灣的工班。

對於家而言，在居住的同時也需要再思考（Rethought）。不要一次完成，為將來保留可能性的未完成式，才是理想的住宅設計。在最終章節論述了經過再思考的過程，才能感受到居住生活的醍醐味。同時也對於未來的建築師們，提出其任務及角色的建言。另外也說明了寫出本書的想法。

將住宅設計案例放在本書的最後一部分，以圖面說明「孕育住宅打造計劃」。

於本書一開始的第0章當中，概述了關於『「孕育住宅打造計劃」的秘密』。首先閱讀這部分，就能理解所謂「孕育住宅打造計劃」的整體概念。第0章是由1到7項構成。這也和之後的第1到7章有所關聯。像是第0章的第2項『以「容器」為原點的住宅設計』，也就是第2章的標題。

當您閱讀完本書後，如果能體會到「家是要用來孕育的」這種感覺，將是我最大的榮幸。

佐佐木善樹

第0章 「孕育住宅打造計劃」的秘密

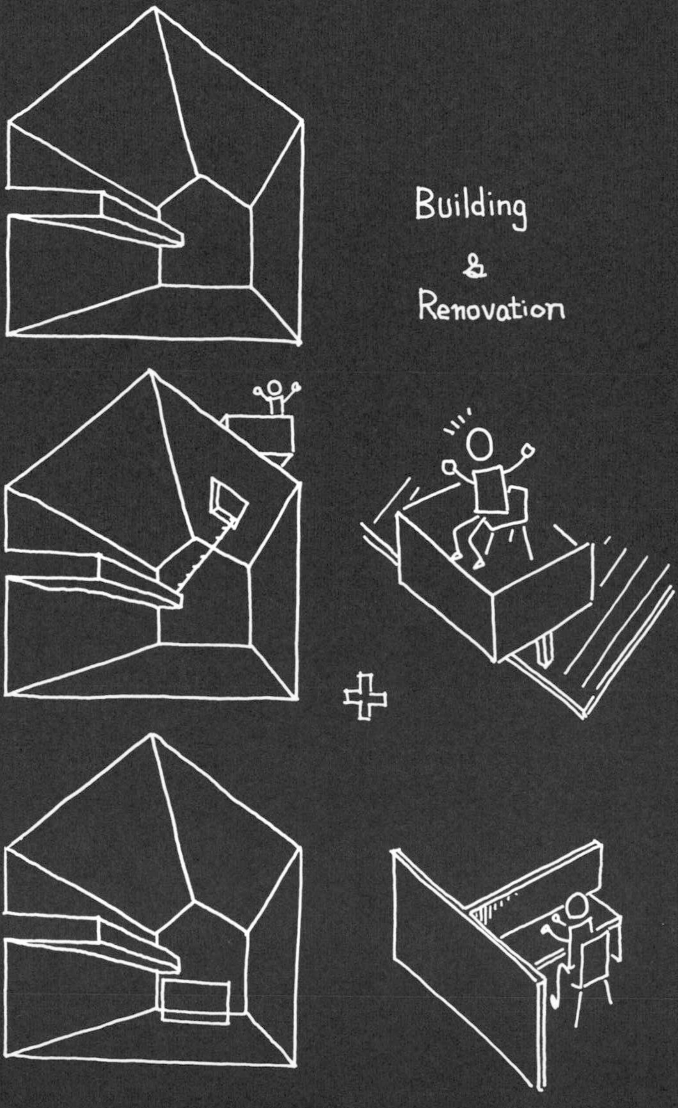

01

「新房屋」&「改造」的思考方式

『將親手打造的住宅，重複進行改造的概念。「建造尚未完成」，需要花時間耐心孕育的家。「打造住宅」也可以說是「打造你的生活方式」。』

① 以「居住的同時慢慢改造」為前提的住宅計劃

到目前為止的住宅，都是「建造完就好」的住宅設計形式。建設公司或是工務店，甚至委託建築師，都會在幾個月之內將住宅建造完成。就算內容不盡相同，一口氣完成的住宅建造方式都是一樣的。對於建造者（建設公司或工務店）而言，是最有利的建造方式。因為一次建造完成，就能馬上提高利益。反之慢慢地施工，則無法增加收益。接著完工後雖然會進行定期檢查，但是若沒有特別事情聯絡，就會漸漸地疏遠。

毫無疑問地，一直以來住宅都是以這種形式建造而成。不過這種形式其實並不好。住宅在建造完成後的階段是非常重要的。在最初的設計階段，就要連同建造完成後的部分一起考量，才是真正的住宅設計。在居住的同時，根據必要的狀況改造或翻新，細心地培育你所居住的家。也許覺得很辛苦，也許覺得很麻煩。不過，這就是家的本質。家是居住者所擁有的物品，因此這些也是理所當然的事情。家就是這樣的存在，無可奈何。如果能改變想法，充滿趣味的住宅打造計劃將會就此展開。

不論「人」或是「家」，都會在時光的流逝中，發生各種無法預期的事情

② 考量將來的居住模式

「孕育住宅打造計劃」，是指從新蓋好的房子，經過改造過程的住宅計劃。也就是包含「新房屋&改造」的住宅打造計劃。試著想像5年後全家人的樣貌。10年後、20年後，以及30年後又會變得怎樣呢？不需要考慮所有細項。也不是為了20年後的居住環境而做好準備，而是設計出方便將來改造的房屋樣式。首先是結構穩定，能容許重複多次改造的「容器」。建造出具有魅力的「容器」，是在一開始的階段中最重要的部分。

02 從「容器」為原點的住宅設計

『住宅應該由最小限度的「容器」

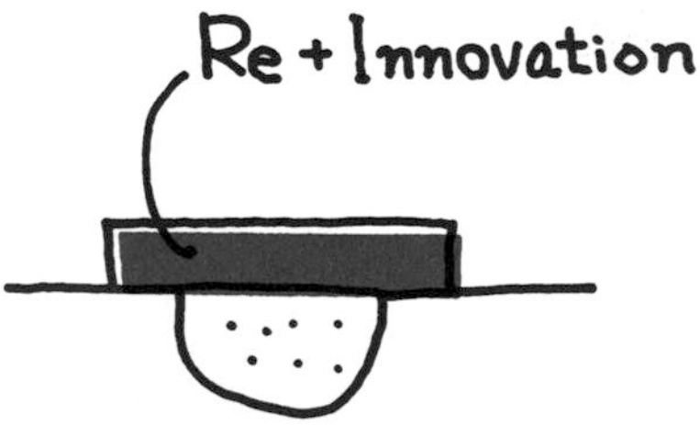

改造（Renovation）=Re + Innovation

加入新的元素或是詮釋，將原有的樣子改變，賦予其全新的價值。並非填補凹陷，而是加上一些不同的元素，呈現出煥然一新的樣子。

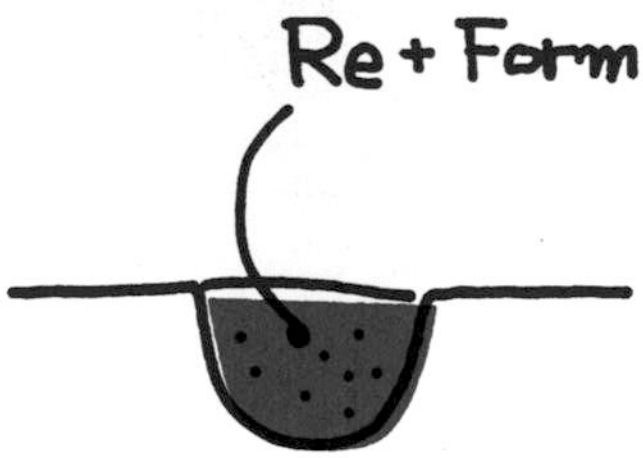

翻修（Reform）=Re + Form

將老舊、損壞的建築物或是某部分，修復成新家的狀態。將凹陷的部分填平，或是損壞的部分復原等，皆稱為翻修。

開始打造。因為住宅會隨著居住者一同成長。因此一開始只要小巧而輕便即可……不過品質可不能掉以輕心。』

我認為家應該要隨著時光流逝，和居主者共同改變成長。在最初一口氣就打造完成的住宅，就好像在還小的時候，把長大之後的衣服都事先買齊一樣。還不知道成長後的體型、未來的興趣及嗜好等，就背上貸款買下這輩子要穿的衣服。想必沒有人會做這種事，但是卻用這種方式造住宅。為什麼呢？其實這是建造住宅的人，也就是商業利益的一種手法。

能將日常生活包覆起來的「容器」，就可以稱為好的住宅。不需要過於精緻的細部設計。建造出帶有簡潔俐落感，同時又充滿

住宅的基本骨架就要像一個容器般

溫暖質感的「容器」，就十分足夠。雖然將來的人生無法預測又充滿變化，但是這個「容器」卻能包容一切。

拋開過去對於住宅設計的觀念，並且試著重新思考家的意義。

03 「內裝」的孕育方法

「內裝」指的是容器中的格局和設備。在最初建造出的「容器」中，逐漸孕育出屬於自己的「內裝」。

『全世界獨一無二、只屬於你自己的住宅設計方法。在居住的

在容器當中逐漸製作出各式各樣「內裝」的示意圖

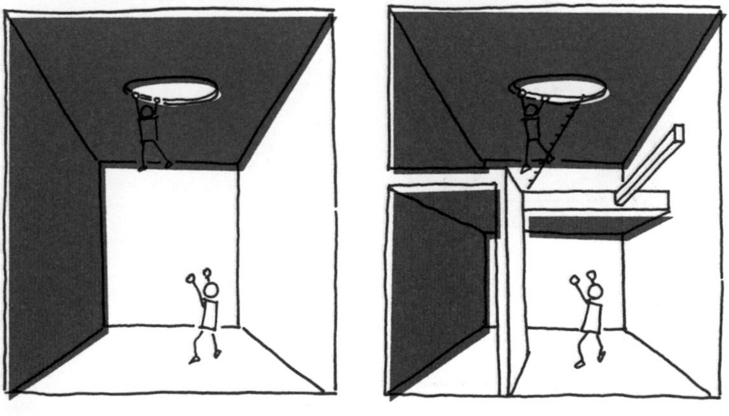

同時，居住者自己也必須要不斷思考住宅的形式。一開始就將一輩子對於家的想法，整理成期望列表，本來就是不可能的事。」

「全世界獨一無二，只屬於你自己的家」這是一種非常打動人心的銷售話術。也經常從建設公司或建築師口中聽到。

一樣米養百樣人，每個人都是與眾不同的。因此所居住的住宅，也應該有所不同。建築師努力地了解關於屋主的為人，以及屋主所重視的事物。也許如此一來，就能多少打造出適合這個人的家。不過，其實這是非常困難的一件事。當然，在現階段也許

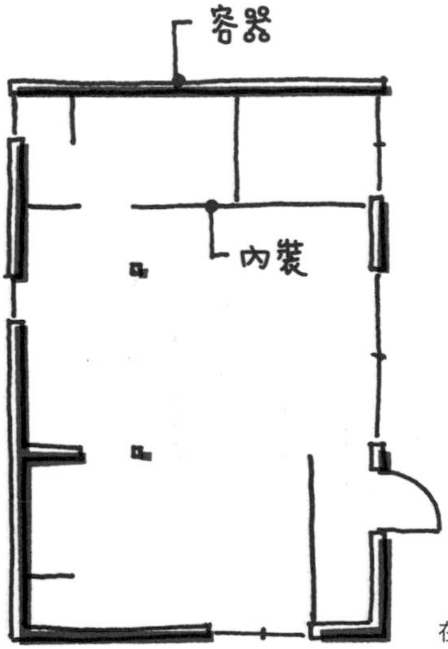

在「容器」中，隨心所欲地孕育出「內裝」

能建造出令人滿意的家。不過十年後的狀況是無法預測的。屋主本人都無法確定的事情，他人更不可能做到。

必須要改變對於住宅計劃的想法。在居住的同時，逐漸孕育出理想的家，才是打造出「全世界獨一無二，屬於自己的家」的不二法門。

而內部裝潢的部分，則是將本書所謂的「內裝」不斷更換造型般，以反覆改造的方式，漸漸孕育出屬於自己的家。

04 資金的組成

『不要一次花費太大的費用。房屋貸款對於現代社會的大多數人而言未必適合。一邊借貸一

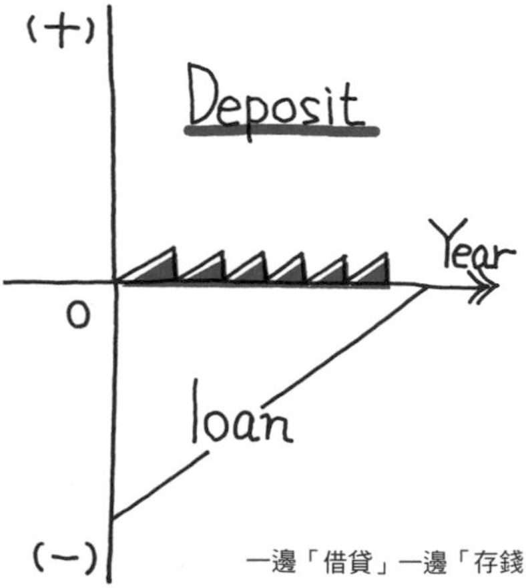

一邊「借貸」一邊「存錢」的概念圖

「內裝」充滿了許多可能性

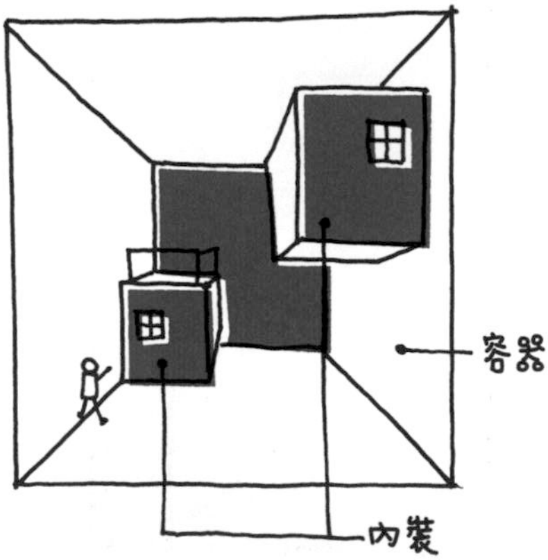

邊存款！為了打造新家，必須要列出資金預算組成表。

孕育住宅就是指在居住的同時，慢慢地增加及改變內裝的住宅計劃。這種住宅打造計劃，也可以說是一種不需要龐大初期資金的方式。小規模建造，之後再以大規模的方式孕育。首先，建造「容器」部分需要較多的資金，不過之後孕育「內裝」的部分，就能盡量減少預算。

建造住宅時，如果不過分執著於細節部分，就能減節省成本。基礎工程為整體成本的8％、樑柱整主要結構部分約為9％、屋頂板金為4％、外牆大約是6％、開口部的鋁門窗則為5％。實際上，打造出優質的「容器」及最簡單的設備，需要的資金並不超過整體的75％。

為了能持續不斷地孕育住宅，因此只將資金投入於必要的部

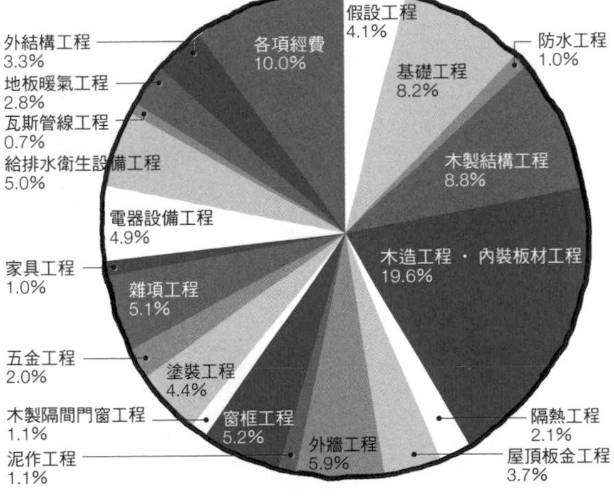

建築工程費用詳細比例

份。盡量避免在一開始規劃出龐大的貸款資金，剩下的部份則是用存款來支出。這個存款也就是「我們家的改造基金」。因此必須要改變對於住宅計劃的想法。

05 由「學習」到「共同創造」的過程

『由設計階段開始參與計劃，是一件非常有趣的事情。能和建築師一起積極地思考設計。不只是表達對於家的期望，而是要自我學習，並與建築師聯手

試著參加研習會

打造＝共同創造。

自己嘗試畫出平面格局圖，或試著製作出模型。除了參觀住宅展示中心之外，還要參加住宅設計的研習會等，這才是住宅規劃的起點。

參與設計並不是件簡單的事。因此，必須要從自發「學習」開始。接著和建築師攜手打造的「共同創造」，都是非常重要的過程。可以試著參加研習會，或是實際去看想要使用的建築材料等。以及親手畫出住宅的格局平面圖。即使畫得不好也沒關係。雖然不是件易事，不過藉由親手繪製的圖面，就能將自己認為重要的部分，明確地傳遞給建築師。試著製作模型也是件充滿樂趣的事。為了藉由立體形狀確認結構，因此設計者都會製作模型。現在因為電腦繪圖軟體的進步，可以輕鬆繪製出３Ｄ圖像，不過仍然無法超越實際模型的說服力。

攜手「創作」

06

不過度依賴的住宅打造計劃

『不需要完全交給工務店，不過度依賴的住宅打造計劃。部分工程也能試著自己施作。就算不親手製作，也可以委託其他人。在最初的工程中，就可以開始練習孕育住宅的技術。』

一旦開始設計之後，就要進行多次的討論並繪製設計圖。完成

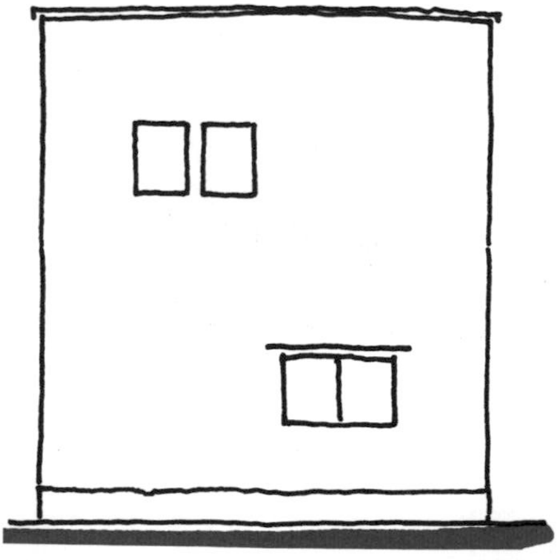

由空無一物的家為起點

設計圖後，將圖面交給工務店估價。小型的住宅大約需要50張圖面。越是優良的工務店，所列出的估價單也會越詳細，讓設計者能夠一一確認。估價單包含了材料費及施工費，工務店的收益由此而來。也就是說，如果能提供建材的話，只要支付施工費就能委託施作。反之，只訂購材料，施工的部分由自己來執行，也是一種可行的方式。因此，不需要將所有工程都委託給工務店，避免過度依賴。

「容器」的部分就交給工務店。其他部分則建議試著以「我自己也可以做到嗎？」這種自問自答的方式來思考。

試著自己粉刷牆壁、為木地板上蠟、挑戰泥作工程、嘗試自己訂製家具，或是偶爾用舊木材製作等，體驗不一樣的樂趣。不過獨自一人製作可能多少會感到不安。這時候就可以委託其他人幫忙。像這樣自己親手參與住宅打造，是非常重要的過程。同時也是一種孕育住宅的練習。

當然，你還是需要一位建築師，施工現場也會有專業的師傅監工。因此可以隨時和他們討論並做出決定。

保留自己動手製作的部分，
體驗親手打造的樂趣

07

「孕育住宅打造計劃」的個案學習

『住宅打造是從入住之後才開始：開始生活之後才是最重要的階段。因此住宅是要在居住的同時，逐漸孕育成形的。在「孕育住宅打造計劃」的生活中再思考，每一天都將充滿樂趣。在此章中，將介紹充滿「孕育住宅打造計劃」想法的「容器」

及「內裝」學習案例。

接下來將把「孕育住宅打造計劃」這種居住的同時孕育住宅的理念，以具體的住宅形式來說明。

首先是開始居住前，最初的住宅形狀——「容器」的提案。假設有一塊標準的土地，該如何在這塊土地上，建造出堅固簡單、能支撐所有人生的「容器」。根據確的結構計算，製作出房屋結構，設計出能夠應對多變將來的簡單計劃，並選擇具有可變性且CP值高的外裝建材。根據建築法規製作鋁製窗框，玄關門則是訂製的鋼製材料。使用石膏板塗裝或裝飾合板當作內裝建材。既能提供舒適生活又環保的節能溫熱環境。壽命較短的設備機器類則是用訂製的方式，帶領你走入自由且充滿趣味的世界。以及不僅僅是燈具，光線也不可忽略的照明設計等。

這些都將在本章中具體說明。

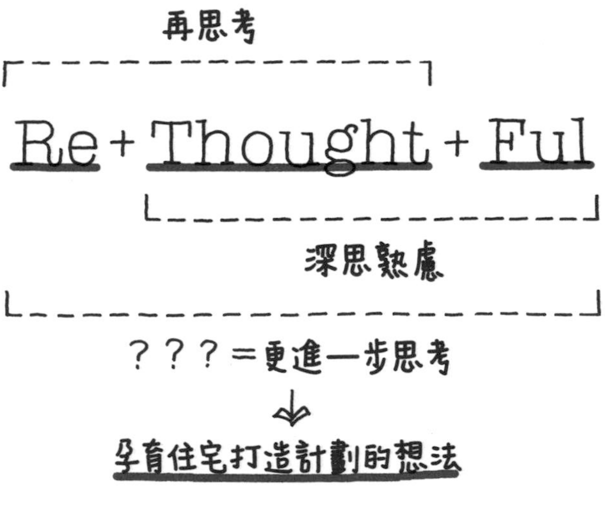

接著試著預測10年後，20年後的樣子。分別說明每個房間的「內裝」孕育方式。將玄關設置成獨立空間、製作鞋櫃的方式，如何將客廳由古典風改造成北歐風格等，充滿各種變化可能性的形式。打掉中島型的餐廳和廚房，改造成能享受退休後樂趣或個人興趣的大型空間，以及打造出一條和室外連接的入口通道等方法。衛浴空間或是增加生活便利性的收納，以及在「容器」階段尚未成形的兒童房製作方式，和之後的改造方式，或是增加收納空間的方法等，充滿無限可能的「內裝」孕育方式，都將在本章節中詳細說明。

本章『「孕育住宅打造計劃」的秘密』中，闡述了如何將親手打造的住宅，重複進行各種改造的整體概念。接下來，將由第1章開始分別說明具體的方式。並非將「完成」設定為目標，而是隨著日常生活慢慢打造的「孕育住宅的建造方法」，接下來請容我一一說明。

01

「新房屋」&「改造」的思考方式

01

住宅打造計劃是享受人生的一種道具

打造住宅沒有終點。因為家就是一種孕育的過程。從住進新家後，全新的「孕育生活」就此展開。

打造住宅是一種連續不斷的辛苦工作。如果是購買蓋好的大樓，只要在文件上簽名蓋章即可。購買商品化的房子也是，在目錄中挑選並組合，建設公司就會幫你蓋好。不過，「孕育住宅打造計劃」卻是一種連續不斷，而且需要思考的工作。一個人生活還算好辦，如果同住的家人較多的話，也會出現不同的意見。即

使如此，「孕育住宅打造計劃」仍然是充滿樂趣的。需要思考的工作繁多，也代表著其中富含了自由且多變的可能性。

在某個即將完工的施工現場，曾發生這樣的事情。

大約在完工的前2週。施工現場為了能準時完工而忙碌不已。同時也準備開始各項檢查的程序。這間住宅的屋主要求嚴格，是一間煞費苦心的家。設計所花費的時間超乎預期，雖然工程進行的還算順利，不過完工日期也稍微延遲。即使屋主對於施工的進度非常滿意，但是卻叫住對於日程延後有點在意的我，並且對我如此說。

「這樣就結束了呢！」

一開始我不太懂他的意思。

「花了一年多建造房子，終於要結束了，想到這裡就會覺得很寂寞。雖然已經進入尾聲，可是請多花一點時間，慢慢地完成它吧！」

將自己打造的家，重複進行改造的概念圖

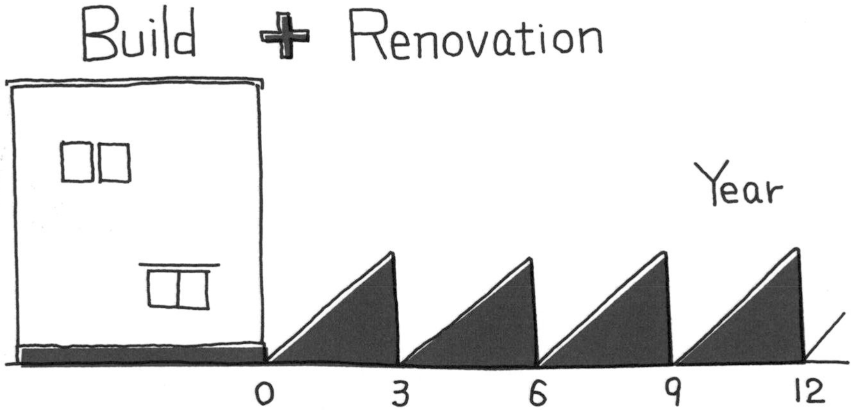

我有點訝異。因為屋主說不用急著完工也沒關係。他是不是沒有很想快點住進這個家呢？我反而不安了起來。

除了在新家展開新生活的期待感之外，這位屋主想必也很享受建造新家的樂趣。這對我而言意義重大。雖然我曾說過「一起享受建造新家的過程吧！」但是不確定自己是否確切地傳遞給對方時，出現了這樣的答案。

在那之後，我跟這位屋主一直保持著聯繫，也學到許多關於住宅打造的知識。直到現在，我仍然會和許多屋主交換居住之後的情報，共同孕育著住宅。由這些經驗當中，讓我更確信答案只有一個。這對於住宅打造而言意義重大，也使我對於住宅打造的觀念，帶來了相當大的轉變。

我認為在生活的同時，一點一滴地製作完成，才是最好的住宅打造方式。這就是所謂的「新房屋」&「改造」。

近年來，「Re + Innovation」=房屋改造（Renovation）受到極大的矚目。為什麼呢？首先我認為是經濟效率。其次，可以說是一種個性的表現，尤其年輕世代對於室內裝潢更有自己的想法。

例如和購買新大樓相較之下，購買中古屋不但比較便宜，省下來的預算也足夠用來改造成自己喜愛的風格。新大樓的風格大多均一單調，想必也是原因之一吧！在雜誌或是網站上，也能經常看到完成夢想的房屋改造案例。

像這樣因為經濟上的原因，以及能實現所講究的室內設計，都

是房屋改造的樂趣之處，不過我認為不只如此。曾經「翻修」也一時蔚為風潮。不過兩者卻大為不同。現今的「改造」所擁有的趣味性，還有以下兩大特徵。

第1是「自己改造」的想法

改造房屋時，如果不改變結構體的話，還有機器設備、照明，以及室內裝潢的部分。電氣設備和照明委託專門業者，裝潢的部分也許可以自己完成。不對，電燈或是照明燈具等，只要有電源開關的部分，也許自己也能拆裝或改造。有這種想法的人越漸增多，才會讓房屋改造變成主流。另外，上網就能輕鬆購入室內裝潢相關的材料，這也是原因之一吧！雖然有點不可思議，大約在幾年之前，這些材料還只能向專門業者購買而已呢！現在不論什麼材料都能買到，而且和專業人士使用的材料並無不同。根據購買的通路，也越來越多材料的價格，便宜到讓專業人士都困擾不已。

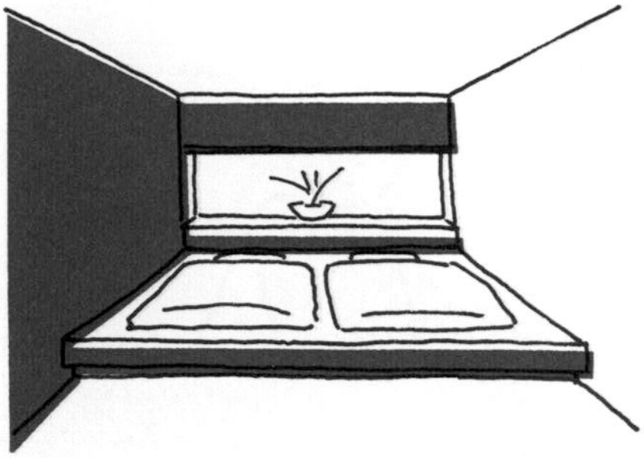

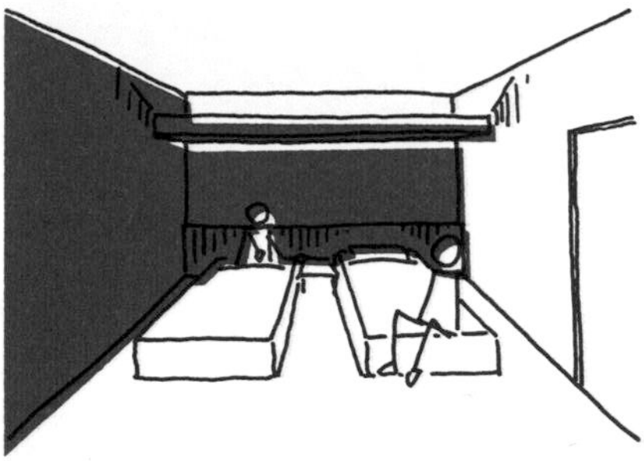

在某個調查中，法國女性的休閒興趣第一名是園藝，第二名則是DIY，也就是假日木工。在歐洲先進各國也是同樣的調查結果。「食衣住行」代表了生活的基本條件，當生活的水準提高，對於「住」的要求也對相對增加，更講究室內裝潢，想要親手參與房屋改造的人當然也會越來越多。

第2是「持續製作」的想法

在過去完全委託專門業者的住宅打造型態中，從未出現過這種想法。就算僅有一部份，正因為親自參與了住宅建造的過程，在隨著時光流逝的同時，也才會想要親手改造居住的空間。這時候就更遑論委託業者了。

想必大家都知道，住宅本來就需要維持管理，不過大眾的觀念也許只限於耐久性的部分。也就是損傷了就修復。所謂隨著時光流逝逐漸改造，是指除了物理狀態之外，還會隨著生活型態的變化、興趣嗜好的變化、以及使用方便度的變化等，對於軟體部分

在同樣的「容器」中，可以根據「內裝」隨心所欲變換成和式或洋風

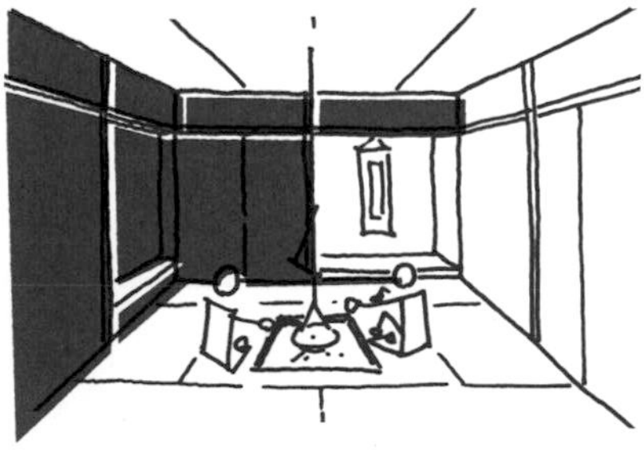

進行維持管理。

「新房屋」&「改造」的未完成式，
沒有終點，也就是透過住宅打造
享受接下來的人生。

02 沒有一輩子令人滿意的住宅

住宅打造，本應是孕育夢想的過程，如果接下來的人生反而被住宅侷限，那麼最好就此打住。

家應該是人生當中購買過最貴的物品。因此許多人在建造住宅時，多半選擇長期貸款。謹慎思考長遠的將來，並建造出合適的房子。這是必經的過程。不過問題來了，有誰能預測將來的樣子呢？

假設有一對35歲的夫婦，準備要建造自己的家園。若選擇※Flat 35房貸專案來貸款的話，還清貸款時就是70歲。那麼，在這35年

間，這個家庭會有怎樣的變化呢？

小孩出生、成長，然後獨立。和父母同住，或是父母過世。買車、換新車。升職、轉職。創業。退休。生病。家人過世。改變興趣。增加興趣。賣房子。搬家。房屋出租。買新家具。裝修房子。更換設備。發生大地震。……等等。

背上35年的房貸，代表著房子在這期間，必須要能夠柔軟地對發生的各種情況。因此必須將各種事情傳遞給設計者。接著根據這些情報建造房子。不過，真的有辦法建造出來嗎？其實非常困難，或是說根本沒有意義。大多數的屋主其實也都心知肚明，但是為了還清高額的房屋貸款，因此只好硬著頭皮畫出35年的藍圖並建造房子。

人生並非如此單純。總是會發生許多無法預測的事情，不論是好是壞。也因此人生可以說是充滿樂趣，也可以說是很殘酷。

就算考慮周詳，也未必能按照所想的進行，因此才能不斷感受到生命的躍動。

※Flat 35房貸專案：在日本由住宅金融支援機構，以及民間金融機關共同推出的房屋貸款專案，其利率可維持35年不變。

持續成長的住宅改造之樹

03

住宅的維修保養和改造

「改造」也許可以說是日常生活中「維修保養」的延伸。不斷改造住宅的居住方式，在珍惜愛護房屋的意義上而言，和維修保養是相似的。

住宅是需要維持管理的。就算是大樓，也要每個月將1・5～2萬日圓的維修管理基金，交給大樓所屬的管理組合團體保管。設備管線的替換，以及防水、外牆或房屋結構的修繕等，大概每10年需要一次大規模的維修。不過這只是大樓共用的部分，房子

則要自己處理。不論支付再多的修繕基金，屬於自己的部分還是得自己負責。因此即使購買大樓，仍需要為自宅準備好維持管理費用。

透天住宅更是如此。假設房子一直維持在剛蓋好的樣子，過了10年之後，還是要進行各種修繕作業。將外牆重新粉刷或拉皮、防水補修、清理或更換設備管線等，都是必要的工作。

不論是哪種住宅，這些維修保養的作業都是不可避免的。

本書中的「改造」和本章的「維修保養」，雖然是完全不同的事情，不過思考方向卻大同小異。

「維修保養」是指將房屋損傷或損毀的部分，修復成原來的樣子。意義上接近「翻修」。而「改造」則是為房屋刷新。藉由改變，賦予住宅全新的價值。也就是說，維修保養是將凹洞填補起來，將此部分添加新的元素，就可以稱為改造。

「新房屋」和「改造」的住宅打造計劃，並不是以完成為最終目標。而是用心孕育，使居住的地方隨著生活型態而改變，持續進行改造的過程，才是有趣的居家設計。

02

以「容器」為原點的住宅打造計劃

01

住宅和人體構造相似

住宅是由結構體、內外裝材料以及設備組成的。其實和人體非常相似。人體是由骨骼、肉體和皮膚，以及內臟血管而構成，住宅的結構體就好比骨骼，室內裝潢材料是皮膚和肉體，而機器設備就像人體內的內臟和血管一樣。也就是說，不論是住宅或是人體，都應該擁有平衡良好的結構以及健康管理，因此住宅的保養維持是相當重要的。

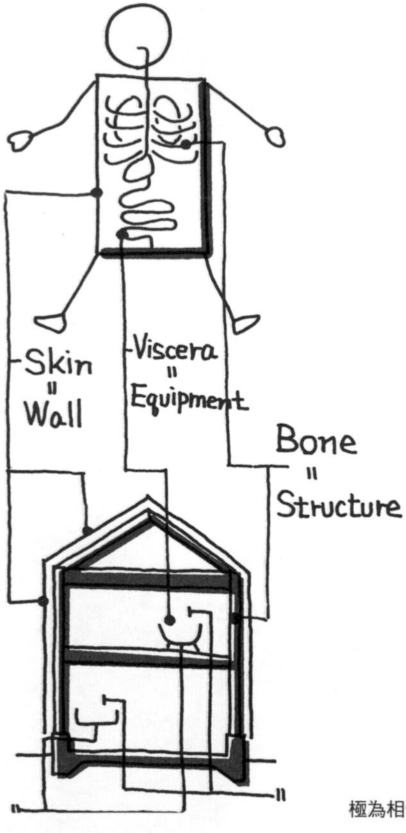

極為相似的「人體」和「住宅」

在本章中所提到的「容器」，以人體為例就是骨骼以及主要的皮膚和肉體。擁有健壯的骨骼，比什麼都來的重要。

02 住宅就像一個「容器」

住宅是用來裝人的器皿，因此可以想像成一個用來裝全家人的容器。首先製作出可靠的容器，是「孕育住宅打造計劃」的第一步。確實掌握建地周圍的環境，根據地勢製作容器等，都是非常重要的。另外也必須考量到採光通風等被動式節能設計（Passive design）。

至少要製作出能夠耐用一百年的「容器」。

第1，要堅固耐用

打造出能防止壁癌發生、免於地震及火災等災害、避免外敵入侵等，能守護全家人的堅固容器。就像是一個簡約厚重的陶器概念。

就算環境隨著時間變化，容器也能一直保持原樣，這就是可靠的容器。

第2，簡單卻擁有機能性

想像是一個沒有多餘的裝飾，外表樸質的容器。以花瓶為例，不論是用來裝飾哪種鮮花，花瓶都需要保持適度的樸質感，才能構成一幅美麗的畫。

懷石料理中有一種叫做八寸的盤子。就如同其名，盤子的大小為八寸（約24cm方形），而料理師傅會在盤子內放上2～3種類的食材，表現出料理豐富性以款待賓客。簡單又絲毫不浪費的設計，適用於各種狀態。住宅也可以用同樣的方式思考。在一生的所有時光中，一定會發生各式各樣的情況。能隨機應對各種場合、具有柔軟性的住宅，才是理想的樣子。

盛裝豐富的食材，讓客人享用的八寸盤

第3，越用越有質感

以漆器為例，如果有確實做好保養並正確使用的話，漆器也會更顯高雅質感。但如果一直放置不用，反而無法呈現出韻味。住宅也是一樣。正確、慎重的使用，才能常保高雅美麗。美麗會不斷循環下去，使住宅擁有令人回味無窮的質感。

再以出現裂痕陶器為例。就算再謹慎小心地使用，還是有可能會出現損壞。不過陶器可以藉由漆或是金修補，反而還能使讓裂紋成為一種「美景」。也因此賦予陶器無價且嶄新的意義。

住宅也是如此。灰泥的牆壁會隨著時間硬化。再加上發生預料之外的環境變化或地震等外部因素時，就有可能因此而產生裂痕。如果龜裂太嚴重，看得令人怵目驚心或是因此而滲入雨水時，就必須要進行填補作業；不過除此之外的情況，其實可以視為一種洗鍊的風情。實木的木地板或家具等，正因為是實木材，才會有翘曲等情況。如果不造成機能上的阻礙時，只要削切或是磨平等，稍微修補就好。如此一來，住宅才能擁有經年累月的韻味，越陳越香。而居住的人也會越加珍惜。

第4，容器是最佳配角

當然，也有用來單純欣賞的容器，不過在這裡所提到的「容器」，充其量只能算是個配角。盛裝於「容器」中的物品才是主角。在未來將持續百年以上的歲月裡，孕育出的日常生活，才是家的主角。「容器」則當作最佳配角。

和人品一樣，就算實際尺寸小巧也能擁有「大器度」。這就是理想的家。

03 「容器」的基本規格

① 關於結構

現在木造兩層樓以下的大部分住宅，沒有計算建築結構的義務。也因此許多木造兩層樓的住宅，是在沒有結構上的客觀數據情況下建造而成（三層樓住宅需要結構計算）。

對於「孕育住宅打造計劃」而言，就算是平房也一定會進行結構計算。因為「孕育住宅打造計劃」是一種會隨著時光流逝而進行改造的住宅計劃方式。也許在將來會增加一面新的牆壁、打掉牆壁，或是做出一個開口部等。如果建築物是經由正確的結構計算而蓋成，不論幾十年後再加以改造，都能夠做出正確的判斷。

有些人會將木工師傅稱為「家園守護者」。因為建造好的家將

經過結構計算，為將來做好準備的家

會守護人生一輩子。我覺得這是一種很棒的想法，對於靠設計為生的建築師而言，我也會想要成為這樣的人。不過住宅的壽命比人還長。不論再有名的師傅或建築師，都無法持續守護自己的家園。和人類相較之下，住宅的壽命遙不可及，因此才需要結構計算。如果只是以個人的感性打造結構，將會無法對應未來的變化需求。

和其他結構相較之下，木造結構擁有獨特的個性。除了由大量的樑柱和牆壁，以複雜的形式組成之外，也很難區分清楚哪些柱子或牆壁是重要的結構，哪些則和結構無關。木造住宅的柱子和牆壁，並非全部都是結構體。有結構上支撐建築的重要柱子，也有只是用來裝飾或固定裝飾材的柱子。牆壁也是一樣。如果經過正確的結構計算，就能清楚區分出來這些柱子或牆壁，是重要的結構部分與否。如此一來，便能確保將來進行改造時安全無虞。

「孕育住宅打造計劃」必須經過詳細的結構計算，並且於結構圖上，將結構材和非結構材清楚標示出來。

② 關於氣密和隔熱

住宅必須擁有高氣密和高隔熱的機能。氣密和隔熱缺一不可，否則就無法打造出舒適的家。絕大多數的人會注意住宅的隔熱性，而理解氣密性的人則較少數。

首先說明一個錯誤的觀念。

有如此一說，「大樓比透天住宅還要溫暖」。在某些條件下，這句話大致正確。不過「水泥比木造住宅還溫暖」這句話就不對了。大樓並不是因為水泥而比較溫暖。是因為面向外牆的牆壁，和室內的容積相較之下比例較小，所以才會比較溫暖。因為不容易受到外氣的影響。同樣的道理，最容易受到太陽照射影響的頂樓房間，或是和外氣接觸牆面較多的角落房間，也未必溫差比較大。

其實和水泥住宅相較之下，大部分的木造住宅相對溫暖。原因是木造的熱傳導率比較好。木製柱子的熱傳導率約為0．12，而水泥則是1．6。傳導率的數值越小，則越不容易將熱傳遞，

氣密和隔熱是相輔相成的

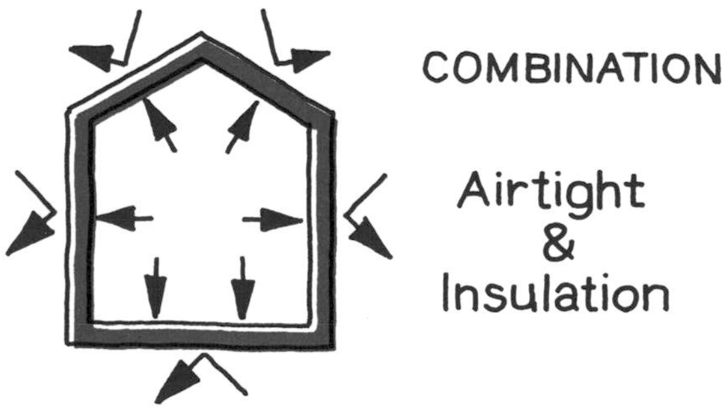

也就是說水泥住宅因為熱的傳導快，所以容易變成冬冷夏熱的空間。玻璃的傳導率為1．0，所以就可以想像大樓的水泥牆，是非常容易傳導熱源的材料。在相同厚度之下，水泥的導熱程度是木材的13倍以上。因此大樓的水泥牆通常都會噴上隔熱材。隔熱材的種類五花八門，大多都是使用熱傳導率0．03左右的材料。不過大樓所施作的隔熱材厚度通常很薄。雖然節能住宅盛行，不過大部分大樓的隔熱材都非常薄。原因很簡單。最少也希望能施作10cm的隔熱材，卻往往只有2cm不到的原因就是，空間會因此變狹窄。建設公司在販售的時候，就算隔熱性變差，也希望能讓空間看起來更寬敞。這也無可奈何。

而木造房屋並不會因為隔熱材的厚薄而影響隔熱性能。不論是將隔熱材填入牆壁中的填充隔熱工法，或是將片狀的隔熱材貼在外牆側的外隔熱工法，都能夠確保足夠的隔熱性能。順帶一提，在東京建造木造住宅時，雖然規定要施作厚度90mm以上的高性能玻璃棉，不過這並不困難。只要在柱子或是柱子之間的牆壁中填入玻璃棉即可。

熱傳導率（單位：$w \cdot m^{-1} \cdot k^{-1}$）

材料	熱傳導率	倍數
空氣	0.024	0.2
硬質聚氨酯發泡保溫板第一種1號	0.024	0.2
電木（酚醛樹脂）發泡板第一種1號	0.033	0.3
聚乙烯發泡板A	0.038	0.3
擠壓成形聚苯乙烯發泡保溫板第一種	0.040	0.3
住宅用玻璃棉10K	0.050	0.4
榻榻米	0.110	0.9
木材（檜木・杉木・松木）	0.120	1.0
木材（松木・柳安木）	0.150	1.3
聚乙烯樹脂	0.170	1.4
木片水泥板	0.170	1.4
木材（橡木・櫻花木）	0.190	1.6
塑膠	0.300	1.6
石膏板	0.220	1.8
聚氨酯	0.300	2.5
水（20°）	0.589	4.9
一般磚塊	0.62	5.2
土牆	0.69	5.8
灰泥	0.70	5.8
防火磚	0.99	8.3
玻璃	1.0	8.3
磁磚	1.3	10.8
砂漿	1.5	12.5
水泥	1.6	13.3
不鏽鋼	15.0	125.0
鉛	35.0	292.0
鋼材	53.0	442.0
鋁	200.0	1667.0
銅	370.0	3083.0

容易導熱 ←→ 不易導熱

鐵的熱傳導程度是松木材的442倍!!!

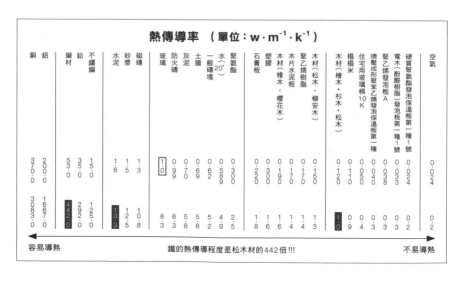

接下來談談氣密性。雖然剛才提到水泥造的大樓隔熱性較低，不過氣密性卻非常高。但是隔熱性很差。高氣密加上低隔熱，很容易造成結露現象。和玻璃杯的外層產生水滴是同樣的原理。

另一方面，木造住宅如果沒有刻意要求的話，通常氣密性會比較差。也就是縫隙風流動的家。大部分建設公司打造的輕量鐵骨造住宅，氣密性能也都比較低。氣密性是用C值來表示。表示每1㎡的樓板面積會有幾㎠的縫隙。使用鐵骨造結構體的大企業建設公司，C值大約都在5．0左右，不過大多都不會公開發表。如果將木造住宅施作一般的高氣密工法，C值大多可以降低至2．0～3．0，更加謹慎施工的話，到達1．0其實並非難事。

「孕育住宅打造計劃」除了堅固的結構體之外，也要求高氣密性及隔熱性。如果在建造完成後才想要加強氣密性和隔熱性，將會是一件非常困難的工程。

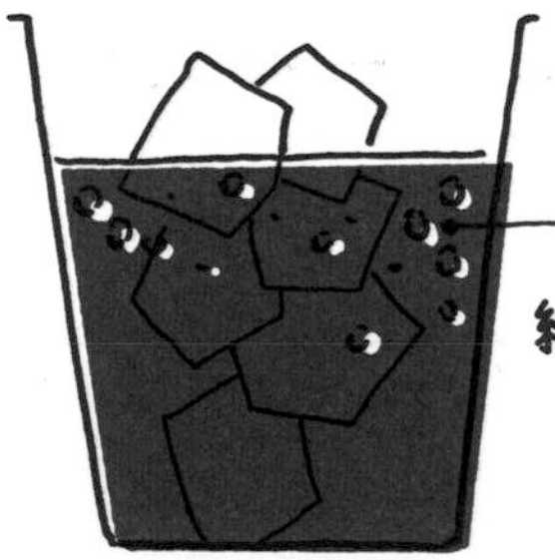

高氣密＋低隔熱引起的結露現象

③ 關於溫熱環境

・環保節能和被動式設計（Passive design）

「環保節能（Ecology）」一詞原來是生態學的意思，在近年來逐漸廣為人知，並且衍伸為保護自然環境、與自然和平共存的涵義。Ecology又簡稱為Ｅｃｏ，同時也成為各領域的熱門關鍵字。

有一種曲線圖叫做奧吉爾（Olgyay）曲線。是利用機械手法（使用空調等機械控制的手法），和建築手法（利用庇蔭控制日照等非機械手法）來控制室內環境時，能簡單表示出如何有效控制的有名曲線圖。橫軸代表一年中的春夏秋冬，縱軸則是溫度。對於冬冷夏熱的室外環境，首先應該藉由建築手法讓冬天更暖和，夏天更加涼爽，不足的部分再利用機械手法，也就是空調等設備來加強。

不知道大家是否聽過被動式設計（Passive design）一詞？首

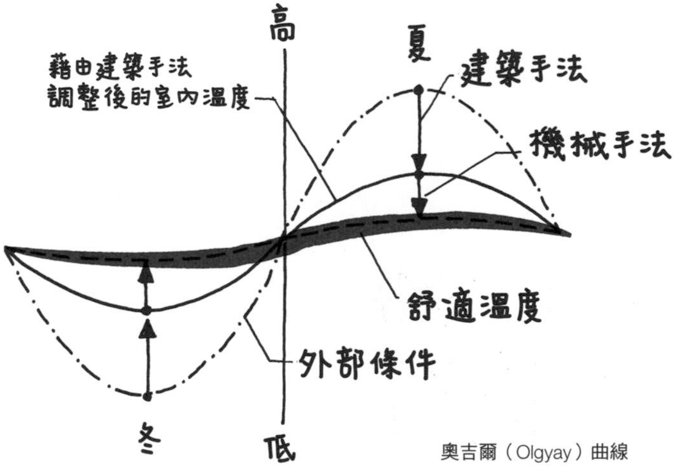

奧吉爾（Olgyay）曲線

先是透過建築手法，打造出高氣密高隔熱的建築物。接著再將房屋進行計劃式的換氣，像是設計窗戶的長度或形狀，以遮擋夏天的陽光或引進冬天的陽光，或是藉由窗戶形狀、位置及開啟方式等，使流動於室內的風，保持在適當的風向和氣壓下。像這樣透過物理方式來打造舒適的室內環境，就是所謂的被動式設計。我們所提出的「孕育住宅打造計劃」，就是以這種設計的思考方向為基礎。雖然會使用空調，不過仍以「打造出不過度依賴空調的家」為目標。

控制「光線」、「熱能」、「風」的被動式設計

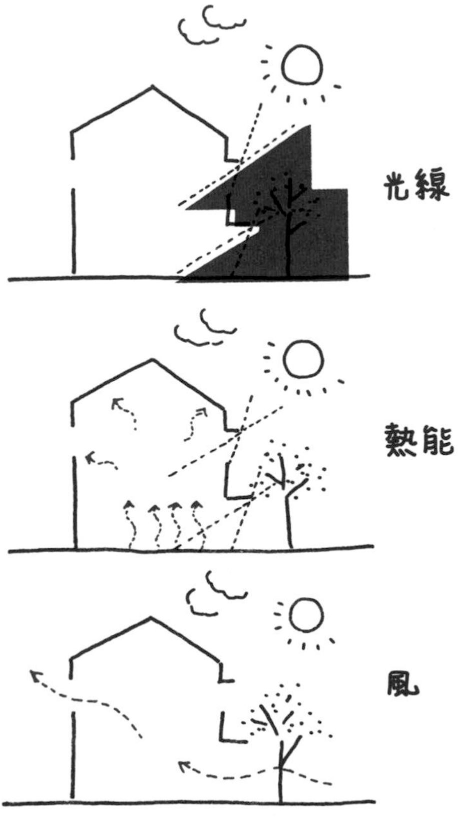

④ 關於外牆

外牆應該重視那些部分呢？能阻擋風、雨、熱、聲音，以及物理性衝擊，具有足夠的強度，並且能長年保護建築物內的人。而且每種機能的要求都很高。必須具有極佳的耐水性、耐風壓性、隔熱隔音性、耐衝擊性及耐凍害性等。

另一方面，也要考慮到是否便於施工及保養維修。如果施工的便利性高，不但能直接降低施工費用，也有助於提高完成度。假設請到擁有極佳技術的師傅，完成了極為困難的施工，將來也會不放心交給別人維持管理。因此保養維修的便利性就是重要的指標之一。在選擇材料時，建議挑選不受時間、人為，或是維修方式限制的方便材料。

沒有不需要維修保養的建材。不需要維修保養的建材，可以理解為想要維修保養時，卻束手無策的建材。

選擇＝木製外牆板

比較耐風雪的檜木等木材，通常有舌槽（溝槽和舌榫）加工，製作成外牆專用的材料。大部分會在表面塗抹防腐劑使用，而木材品牌商也推廣7～8年重塗一次防腐劑。在某品牌的使用調查中，約每14年就要更換10％的外牆板，不過反過來思考，只要將損傷的部分一片片更換即可，這就是外牆板的極大優點。

我認為木材擁有撫慰人心的力量。和窯業系外牆板相較之下，也許會因為「翹曲、腐蝕、裂紋」而需要更費心保養維修。不過

風化樣貌也很優雅的木材外牆

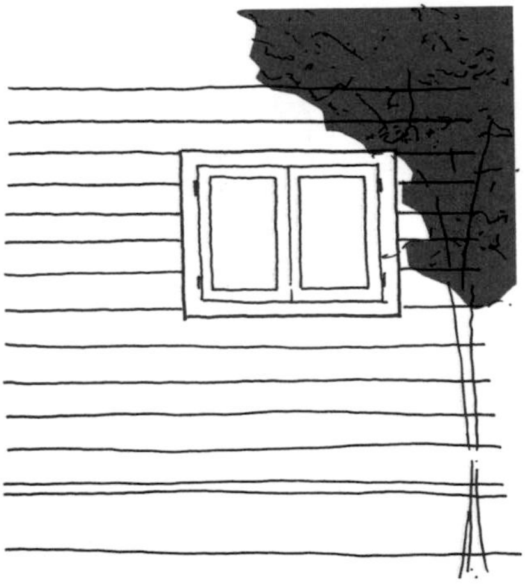

每每看到街角上，擁有不同色調的木板外牆建築物，隨著季節變換展現各樣風情，總是令人佇足欣賞。

選擇＝泥作塗裝外牆

另外也有透過泥作師傅用鏝刀仔細塗裝的外牆。大多是以砂漿為基底，接著再用各種泥作材料塗裝表面而成，外表非常的美麗。加上能活用當地的土壤，並根據繼承當地傳統技術的師傅製作出外牆。因此，這種外牆所擁有的特有色調和質感，便能毫不突兀的融入當地街道。由灰泥製作而成的牆壁，經過百年以後會漸漸硬化。雖然在這期間也會出現裂痕，不過以前的人卻將這種痕跡當作一種自然的風景。近年來則有像是珪藻土等，各式各樣的泥作材料逐漸商品化。

選擇＝窯業系外牆板

泥作外牆閃耀著工匠的技術之光

窯業系外牆板的主要原料，是將水泥系或纖維系原料，以在高溫高壓的鍋釜內成形、煉製、硬化成板狀，厚度約為15mm左右。外觀大多製作成磁磚或是木紋的樣子，不過建議使用平面的樣式。可以根據不同狀況，貼上塗裝材或是在現場直接塗裝。雖然現場塗裝的價格較高，但是可以用自己喜愛的顏色塗裝外牆，則是其魅力之處。

選擇＝金屬系外牆板或板金加工

金屬系外牆板主要是鍍鋁鋅鋼板等，將耐[※1]候性高的金屬板進行曲折加工，製作成外牆專用的金屬板。板金加工是在現場透過板金師傅，於鍍鋁鋅鋼板等金屬板外側貼上板金。極佳的耐候性是其特色。

外牆的設計並不是自己喜歡就好。無可否認的是，外牆是暴露於室外的部分。因此也不能帶給街道行人不舒適的感覺。希望能

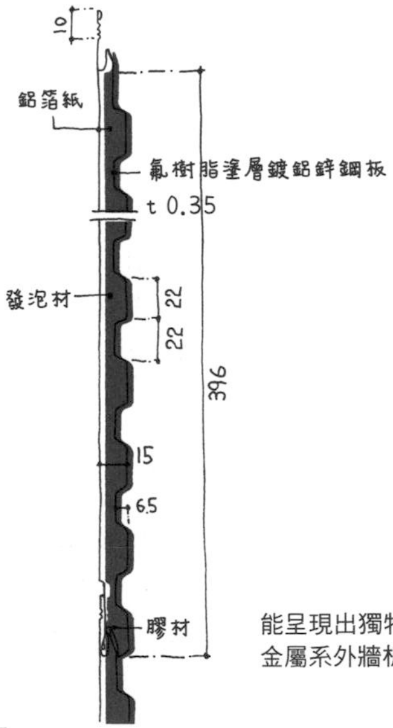

能呈現出獨特風格的金屬系外牆板

選擇素面的材質，可靈活運用於各種現代設計

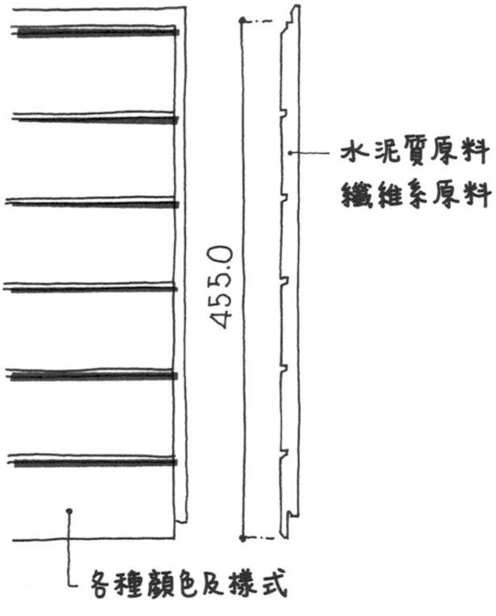

打造出即使稍微繞路也想要經過欣賞的住宅。外牆也是構成街道的要素之一。

「孕育住宅打造計劃」的外牆為皆採用通風工法，是一種在外層材料和隔熱層之間，設置通風部分的工法。而外層材通常是於砂漿上，再噴塗一層彈性塗料。這是兼具成本及美觀性的選擇。同時也是考量到將來維修及更換其他材料時，最佳的選擇。

不論使用哪種材料，在10～15年之後都必須要進行維修保養。因此也要考慮到那時候的施工狀況。如果重新塗裝的話，可以再繼續使用10年。也可以於表面進行泥作工程或其他材料。直接貼上木製外牆板或板金，也是可行的方法。

更換外牆其實意外地簡單。在施工時必須要組裝鷹架，因此需要一筆費用，不過如果是一般的保養維修，像是窗框周圍的填縫補修或屋頂定檢等需要組裝鷹架的情況，也是大約15年一次。這時候就是更新外牆的絕佳機會。更換外牆不會影響內部住宅。

外牆是構成街道外觀的重要部分

「孕育住宅打造計劃」基本上是以不需要搬家就能翻修為大前提。而砂漿＋表面噴塗彈性塗料，可以說是兼具美觀性及將來通用性高的材質。

⑤ 關於內牆

內牆要求的是隔熱、氣密，以及保護結構體，避免受到室內發生的延燒及濕度的影響。一般住宅多採用石膏板。石膏板經由日本工業ＪＩＳ[※2]規格化，而且能根據厚度提高不燃性能。不過材料本身卻沒有隔熱及氣密性能。因此需要確實施作隔熱材，以及貼上防水紙來提升氣密性等，加強不足的部分。

※1　耐候性：建材或塗料對於室外氣候變化的耐受程度。

※2　ＪＩＳ：ＪＩＳ（日本工業規格）為日本根據工業標準化法律而制定的國家規格。

石膏板也不能單獨使用。大部分的住宅內牆都會貼上塑膠壁紙。價格低而且施工方便，也很容易達到法律上的防火規定。

另一方面，內牆也有要求特殊性能的部分。廚房瓦斯爐周圍的牆壁，必須要有耐火耐熱的性能。也有要求隔熱性能的案例。而水槽、洗臉盆周圍、浴缸的牆壁及天花板，則要具備耐水性能。其他要求像是容易清潔、可以釘上大頭針，或是特殊的隔音及吸音性能等。因此根據每個部份的要求來選擇建材，就變得非常重要。

「孕育住宅打造計劃」的內牆和天花板主要有兩種選擇。其中一種是使用石膏板，再於表面進行塗裝。石膏板是為了法規上的不燃規定而選的。另一種選擇則是貼上椴木合板等木板，再於表面進行塗裝。如果裝潢沒有受限於不燃規定時，木板是一個好選擇。雖然椴木合板是厚度約5．5㎜的薄板，不過和石膏板相較之下比較容易鑽入螺絲，翻新住宅時也比較輕鬆。另外塗裝也比石膏板來的容易。

【為何還是要選擇塑膠壁紙？】

雖然說塑膠壁紙髒了擦拭乾淨就好，不過其實很少人這樣做。即使要重新貼壁紙，也是一項浩大的工程。如果只要更換劣化的部分，卻常常會因為同樣產品已經不再生產而缺貨。另外，撕下來的壁紙也會變成大量的產業廢棄物。基底石膏板還需要進行大面積的補修。施工中粉塵漫佈，因此作業的同時也沒辦法居住。最近市面上有販售壁紙表面專用的塗裝材，也只有這種選擇了。而且，沒有辦法達到很好的效果。對於居住者而言，壁紙完全不適合進行保養維修。

即使如此，日本許多住宅的天花板及牆壁，仍然是由石膏板加上壁紙所構成。我認為原因是價格低廉加上施工快速。雖然日本人已經習慣使用壁紙，但是應該要重新審視這些問題。

當我去歐洲投宿於飯店時，不知道為什麼房間充滿了靜謐氛圍，令人安心。牆壁上貼的壁紙是布製品，而不是塑膠。或是塗裝及粉刷牆壁。在日本國內的旅館中，如果房間的牆壁裝潢為灰泥等泥作塗裝，也會有相同的安心感。

為什麼用塑膠壁紙來貼牆壁及天花板，會如此的普遍，我仍然覺得不可思議。

能省去DIY塗裝時最困難的部分—接縫處理，就能直接塗裝，也是極大的魅力之處。施工費也只要考慮木板費用就好，雖然椴木合板的要價較高，不過考量到DIY塗裝的可能性時，椴木合板自己塗裝起來也比較容易。

當然要求耐水性能的水槽周圍、洗臉台或浴室等，就要選擇耐水性高的材質。

不論哪種情況下，表面裝飾都以塗裝為原則。塗裝最大的魅力就是可以自由選擇顏色。大多數情況下，都是從日本塗料工業會指定的色號來選擇。順帶一提，2015年版的指定色號共有624色。而最近也有DIY專用的塗料專賣店。另外還有提供3000色以上的塗料品牌，光是欣賞就充滿了樂趣。我建議屋主自己購買塗料，自己動手塗裝。在施工中也可以向專業塗裝師傅請教並動手塗油漆，這同時也是將來維修保養的練習。

塗裝的另一個魅力所在是可以直接覆蓋塗裝。在數年後，可以輕鬆地塗上不同顏色，覆蓋原有的塗裝。在塗裝好的牆壁上進行覆蓋塗裝，是一般人也能輕鬆做到的簡單作業。另外還有一個很

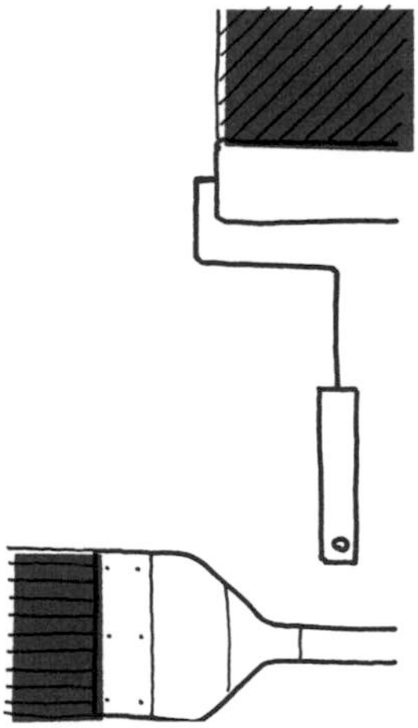

內牆和天花板是在石膏板或椴木合板上進行塗裝而成

重要的，就是完全不會製造出垃圾。和塑膠壁紙製造出的大量垃圾相較之下，塗裝不需要丟棄垃圾就能進行。這點非常重要。代表不需要丟棄產業廢棄物，就能進行房屋裝修。

在歐洲的飯店中，看到剝落的牆角露出舊有的顏色時，我感受到了專屬於時光流逝的美。

⑥ 關於天花板

天花板所要求的「性能」和「機能」，基本上和「牆壁」差不多。最上層樓的天花板，會要求更佳的隔熱性能；而樓下的天花板，則是要求能盡力減少樓上的震動噪音。不過比起天花板材料，天花板內的隔熱材性能影響其實比較大。

許多大樓在翻新的時候，會刻意拆掉天花板。像是想要增加天花板高度，或是追求粗獷的水泥質感等，有了這些經驗之後，我有時候甚至會思考天花板的必要性。

在現代建築中，住宅的各部機能逐漸出現變化，最典型的部位也許就是天花板。加上天花板曾經是裝飾的絕佳位置。格柵天花板等就是典型的造型之一，在日本及國外的住宅中都很常見。另外還有用灰泥裝飾，或是藉由濕壁畫（fresco）等繪畫來裝飾的造型，也曾蔚為風潮。不過現代的建築物，包含住宅的天花板，大多追求簡約樸素。

在追求機能性及經濟性的同時，不裝設天花板的住宅也逐漸成為一種趨勢。

「孕育住宅打造計劃」的天花板，也是以機能性為優先選擇。根據孕育住宅的原則，從最簡單的規格開始打造。也就是在石膏板上進行塗裝。和牆壁一樣，試著改變天花板的顏色也是裝修的樂趣之一。

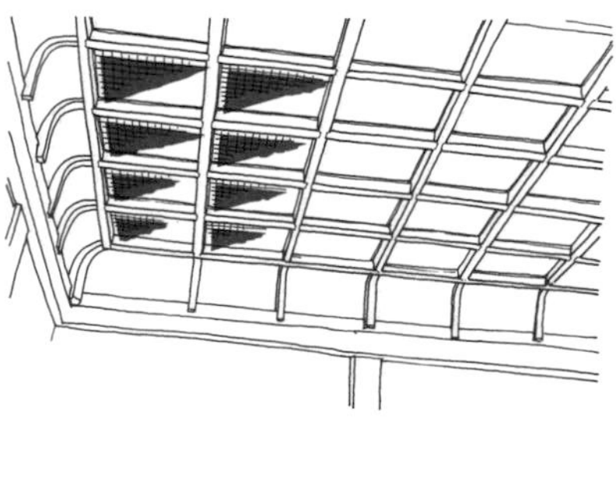

木格柵天花板

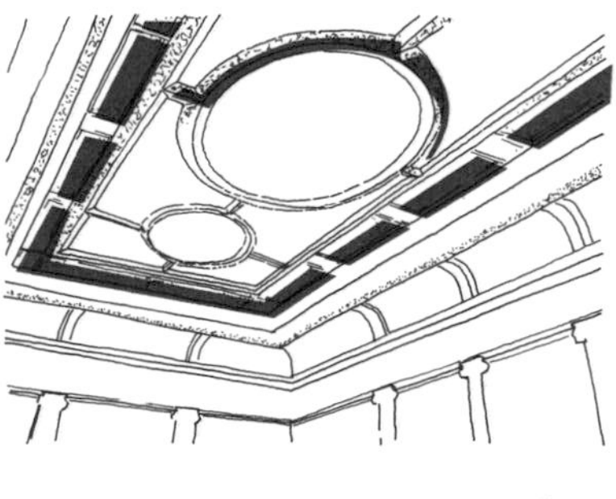

泥作天花板

⑦ 關於地板

地板可以說是所有建材中，最常和人體接觸的重要材料。尤其是在「想打赤腳在家中走動」這種情況下更為重要。地板要負擔全身的體重。另外還要預想未來生活型態也可能會直接坐在地板上。當然還會放上家具，偶爾也會出現打翻水之類的情況。地板必須要使用超乎想像的堅固材質，再加上一定要擁有舒適的肌膚觸感才行。如果在家習慣赤腳的話，就建議使用木地板。木製的實木地板會是很好的選擇。

另外木棧板也另一種建議的選擇。

此外，在穿鞋走動的區域，則建議使用水泥地板打造成土間※的空間。

※土間：日本傳統的建築會設置的地方，有「屋外」與「屋內」的意思。

1 木地板

赤腳行走的空間，建議鋪設實木地板

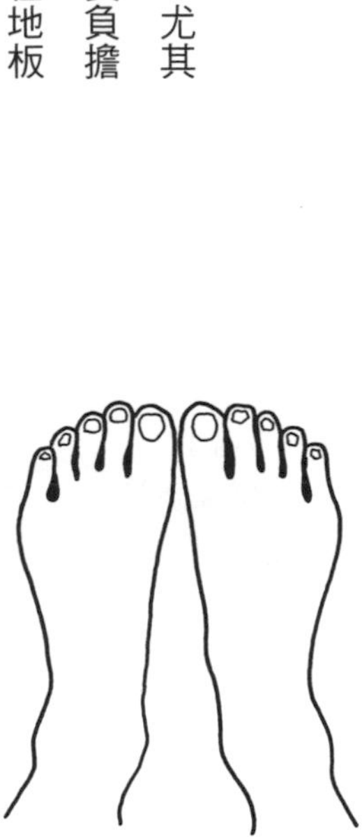

〔質感〕

選擇木地板時，最大的重點就是質感。外觀、觸感，甚至木頭的味道也很重要。根據想追求的質感，所選擇的木地板種類也會有所變化。對於「孕育住宅打造計劃」而言，必須要選擇能經得起時間考驗的木地板材質。必須是有孕育價值的木材。因此答案自然就是實木材了。並不是那種為了怕損傷，因此表面塗了一層亮晶晶木板漆的實木材，而是只上了一層蠟，能夠直接呈現出木材原有質感的實木地板。上過蠟的木地板，不需要在表面進行塗膜（上底漆），因此本身具有調濕的效果。厚度大約選擇15～20㎜左右的產品。

日本住宅的木地板，大多採用複合式木地板，也就是將合板當作心材，並於表面貼上真正的木片加工而成。表面的薄木片厚度約為０．３㎜。不過這種木地板一旦損傷後，就會露出中間的合板，被水沾濕後也會膨脹。就算打磨拋光也無法呈現出洗鍊韻味。

在歐洲飯店等看到的木地板，雖然全是女性高跟鞋造成的傷痕，不過卻充滿了美感。

〔樹種〕

木地板也有各式各樣的樹種。大致上可以分為針葉樹和闊葉樹種。前者為杉木、松木、檜木等，大多質地柔軟且肌膚觸感佳（其中檜木偏硬），而後者則有橡木、栗木、柚木等，大部分具有美麗木紋，而且質地較硬。柔軟的木材因為紋理距離較大，所以空氣層也比較多，觸摸時甚至可以感受到溫度。缺點則是質地軟，所以容易損傷。而硬木因為紋理緊密，空氣層較小，而觸感也比較冰冷。質地硬因此耐損傷，如果是經過充分乾燥的實木，也能使用於地板暖氣的住宅中。

「孕育住宅打造計劃」中，針葉樹建議使用松木或杉木，而闊葉樹則建議橡木或柚木，再根據室內裝潢所追求的質感等進行選擇。

〔表面處理〕

在過去的日式傳統建築中，有所謂「板張（木板空間）」的空

Aging = Taste

間。是連接走廊及和式的緣廊。所使用的木材稱為邊緣甲板，是由檜木或栗木等實木材所構成。完全沒有表面處理，只用沾取米糠的布來打磨擦拭，經年累月磨出美麗的光澤。我認為這就是地板的孕育過程。「孕育住宅打造計劃」所採用的地板也是實木地板，用同樣的方法固然理想，不過也建議使用目前市面上高品質的地板蠟，進行表面處理。

還有一種產品叫做蜜蠟。只用荏胡麻油及蜜蠟製成，因此是對人體無害的產品。地板蠟這類型的表面處理材，和聚氨酯（優麗坦）塗料不同，不需要在木材表面上底漆。因此就算打翻紅酒而使木材染色，也仍然保持著實木材本身的觸感和調濕效果。在居住的同時，視木地板的狀況決定是否打蠟等，也是孕育過程中的樂趣所在。

2 棧板

也就是使用於施工現場中的材料。最近金屬製的棧板逐漸成為趨勢，木製的棧板越來越少，不過也有人偏好將木棧板的強烈風格，運用於室內設計中，從舊棧板到新商品，都能在網路上輕鬆購得。

〔質感・樹種〕

雖然舊棧板的損傷痕跡也充滿魅力，不過反面木材狀況的品質不一，因此不是很建議當作住宅的地板。在這裡介紹的是全新的木棧板。

材質大多為杉木，厚度則建議選用偏厚的35mm類型。雖然有些產品經過表面刷毛加工，將會扎手的刺毛處理掉，不過在使用前還是要進行打磨處理（打磨機）。有小朋友的住宅更是要注意。另外，寬幅尺寸的精確度不均，有時候在固定之前還需要裁切調整。雖然每家業者處理的方式不同，不過大致上都是自然乾燥的商品。即使如此，在整年之中還是會出現翹曲或扭轉等情況。不過翹曲也是木棧板的風味所在。另外，木棧板不像木地板有舌槽（凹凸）加工，所以小碎屑經常會從隙縫掉落至地板下方。因此建議在鋪木棧板之前，先貼上一層3mm左右的薄型合板。

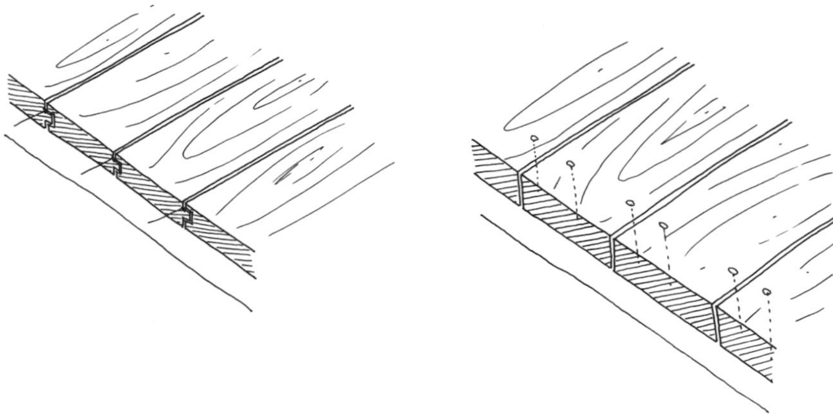

有舌槽（溝槽和舌榫）加工的木地板，以及沒有舌槽的木棧板

〔表面處理〕

表面處理的思考方式和木地板大致相同，不過如果能確實打磨，將粗糙的部分磨光，再用地板蠟塗裝後，就能呈現出重量感，更添木棧板的魅力。比起無色的蜜蠟，更建議使用有上色效果的地板蠟。

3 實木材的缺點

實木材也有它的缺點。會出現翹曲、龜裂等變形的情況。大多是由溫度及濕度而引起。如果在乾燥的冬天施工，木工師傅在鋪設木板，大多會稍微留一些縫隙，不過少許的翹曲及龜裂，應該要試著去接受。使用地板暖氣的住宅，要更加避免翹曲和龜裂。「孕育住宅打造計劃」所採用的地板暖氣，是埋設於水泥地板中的蓄熱式類型，因此表面溫度較低，就算於上方鋪設木地板，也不會造成太大的影響。

「孕育住宅打造計劃」所採用的地板類型，有實木地板、木棧

將蓄熱式地板暖氣埋設於建築物的基礎中

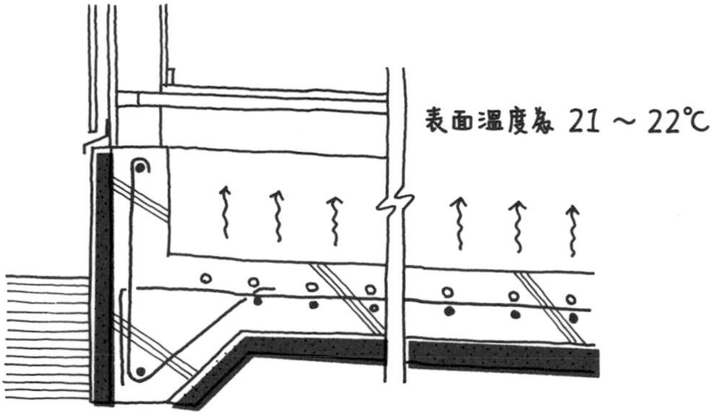

板及鏝刀塗裝的水泥地板。雖然這些地板材料在將來都能夠替換，不過仍以即使損傷髒污也不減魅力、並且能夠體驗保養樂趣的材質為原則來選購。

不論是實木地板或木棧板，假設在20年後，想要去除表面的髒汙時，只要用打磨機磨光表面，就能重新擁有美麗的外觀。

若想要打造粗曠風格的水泥地板時，訣竅就是使用透明塗裝，才不會遮蓋住水泥原有的質感。透明塗裝材有霧面及光澤兩種，最重要的就是能夠保留水泥的質感。

04

關於放置「容器」的土地

建築物是根據土地來決定。確實掌握土地的狀況，再進行設計。另一方面，從購買土地開始建造家園的人，也要先思考自己想要哪種住宅、過著什麼樣的生活等，首先模擬好家的樣子後，才開始找能夠建造這種家的土地。

根據建地製作出「容器」。模擬出理想的「容器」後，再找尋適合的土地。不論是哪種方式，建地和建築物都是密不可分的。

每塊建地都是獨一無二的，所以才必須要充分掌握土地的狀況。雖然非常困難，甚至預測建地將來的狀況、也就是周圍環境的變化，都是非常重要的一環。

①掌握周圍的自然環境

這種思考模式和被動式設計相同。像是太陽照入的角度等，了解冬至日照每小時的照入方式，是非常重要的。假設建地南側緊鄰其他建築物，那麼這個土地的最北側，應該就是日照量最多的位置。盡量使冬天的日照進入家中，並且盡量避免夏天陽光直射。

除此之外還要找出風的流動道路。日本大多數的土地因為偏西風的關係，夏天吹南風，冬天則是吹來北風，不過風向仍然會隨著土地不同而改變。風速每秒增加1公尺，就會使體感溫度下降

找出風的流動道路非常重要

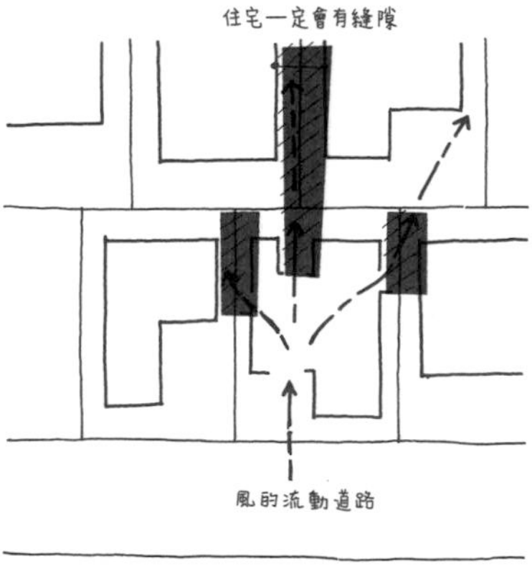

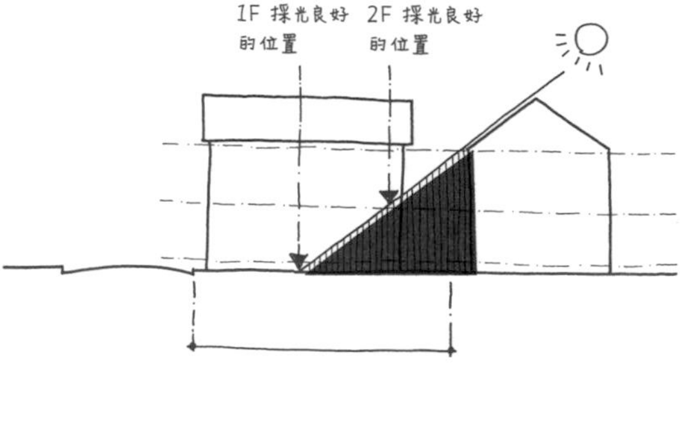

最好的採光位置在北側

約1度。掌握每個季節的風向、做好全面的思考設計，才能將舒適的風引進「容器」中。

② 掌握周圍環境

首先是道路。必須要了解周圍的道路上，行人及車的交通量。這和隱私問題、噪音問題以及防盜問題息息相關。另外，道路也是決定建地上「容器」和街道連接方式的重要關鍵。「容器」該如何置放於建地上，該用什麼方式通往道路等，是決定「容器」性質的重要因素。

周圍的建築物的配置狀況，以及每棟建築物的窗戶位置等，要事先調查清楚。還有試著思考這些建築物，大概還會在這個狀態下維持多久等，都是很重要的部分。

找出不論出現怎樣的改變，都依然不受阻礙的日照、風向流動道路。再怎麼密集的地區內，一定會有日照、風向流動的道路。掌握好這些環境因素，才是打造出優良「容器」的最重要關鍵。

③ 掌握建築法規

每塊土地都分別受限於法律制定的各種規定。大致上為都市計劃法及建築基準法。都市計劃法是關於土地的法規，而建築基準

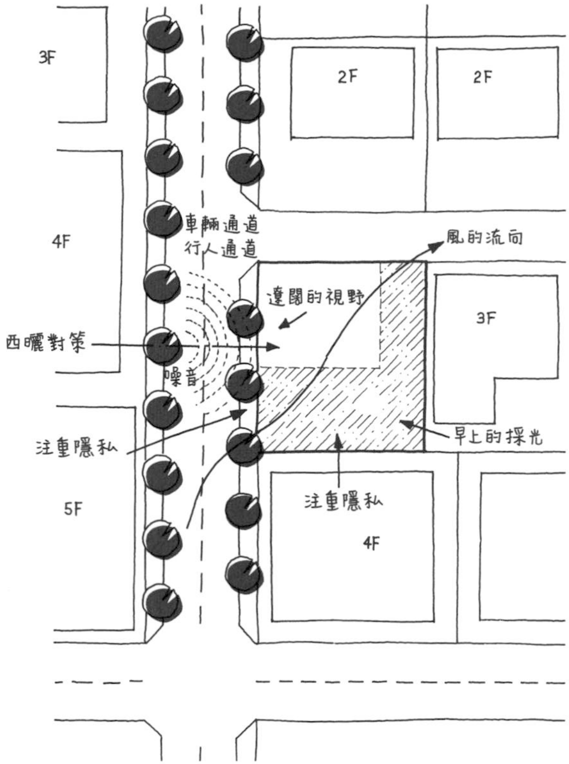

掌握建地周圍環境的各種因素

法則是規範建設在土地上建築物的相關法規。

〔各種用途地區〕

根據都市計劃法共區分成12種地區。再根據這些分類，規範禁止建設的建築物種類。順帶一提，雖然獨棟住宅除了工業專用地區以外，可建設於其他各種地區內，但是若住宅和店面合併時，則會有所限制。另外，也有許多法規內的用途地區，和實際街道的機能並不相同，因此在購買土地時必須要多加注意。

〔關於道路〕

道路根據寬度及條件，區分成各式各樣的類型，這部分也記載於建築基準法第42條中。從42條第1項到第6項指出，未滿4m的道路，不能稱為道路。另外同樣在43條有這條規定，建築物的建地必須和道路連接2m以上。

也就是說，總結這兩條法規「建築物必須蓋在和4m以上的道路連接超過2m的土地」。法律的話題雖然死板，不過這是極為重

準居住地區

在道路的沿道上，為了保護汽車相關設施及居住環境的地區

第 2 種中高層住宅專用地區

主要是中高層住宅專用的地區。可建設1500㎡以內的商店及事務所

第 1 種低層住宅專用地區

專屬於低層住宅的地區。可以建設兼用小型店面的住宅或小中學校

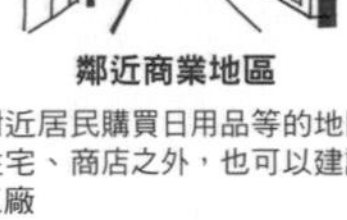

鄰近商業地區

提供附近居民購買日用品等的地區。可建設住宅、商店之外，也可以建設小規模的工廠

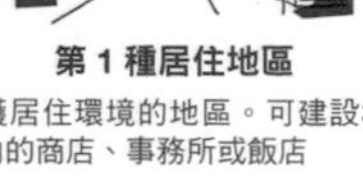

第 1 種居住地區

為守護居住環境的地區。可建設3000㎡以內的商店、事務所或飯店

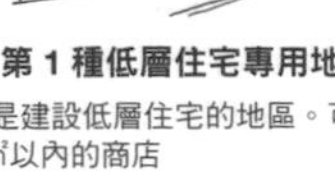

第 1 種低層住宅專用地區

主要是建設低層住宅的地區。可以建設150㎡以內的商店

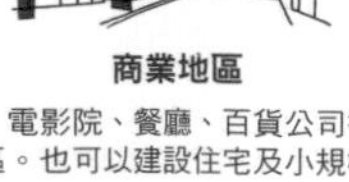

商業地區

銀行、電影院、餐廳、百貨公司等聚集的地區。也可以建設住宅及小規模的工廠

第 2 種居住地區

主要是為守護居住環境的地區。可建設商店、事務所、飯店及KTV包廂等

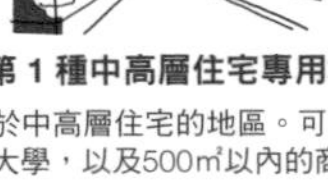

第 1 種中高層住宅專用地區

專屬於中高層住宅的地區。可以建設醫院、大學，以及500㎡以內的商店

要的部分。

〔關於高度〕

每塊土地也有建築物的高度規定。有道路斜線、鄰地斜線、北側斜線，及高度斜線（還有其他日照規定，不過在此省略）。這些都是根據前述的土地位置所屬的用途地區，以及和土地連接的道路寬幅、種類及方位來決定。這都是為了控制每個地區的日照、景觀及壓迫感，並確保每間住戶都能擁有優質環境而定下的規範。

打造建築物的最低限制=和道路鄰接2m

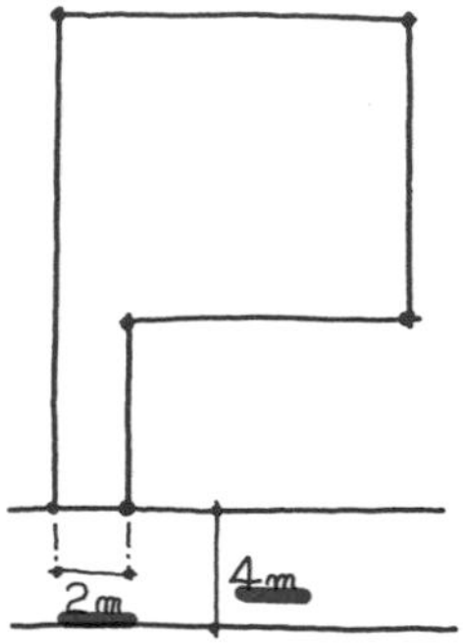

根據不同地區而定的建築物的高度法規

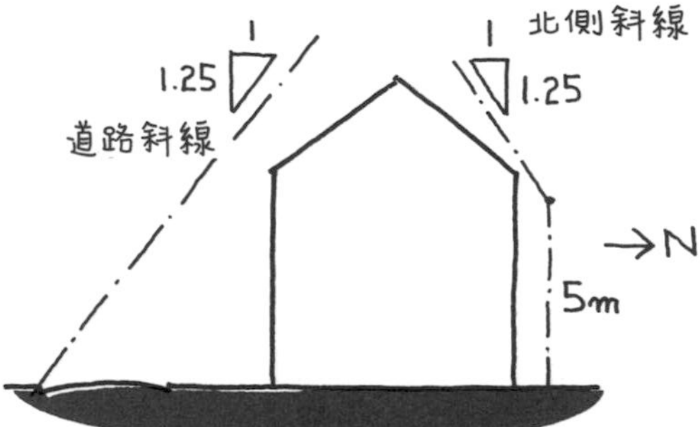

準工業地區

主要是建設輕工業及服務業設施的地區。可以建設會汙染周圍環境的小型工廠

工業地區

可以建設各種工廠不受限。可以建設住宅及商店，但不允許學校、醫院及飯店

工業專用地區

專屬於工廠的地區。不可建設住宅、商店、學校及醫院

④ 掌握地形

最適合建造住宅的土地，是東南側臨接道路，而且稍微高於道路的平坦正方形土地。換句話說，這種基地要價最高，是最有價值的土地。當然不是要刻意挑剔這種完美土地，不過有許多土地就算沒有這些條件，也能打造出很棒的「容器」。另一方面，擁有優良條件的土地，也會有一些看不見的陷阱。

接下來將介紹幾種案例。

1 縱長型的基地

有「鰻魚的睡床」之稱。在這幾年大多是藉由迷你開發等模式，將原本的土地分成2等份或是3等份來建設。在相同的土地上，看著建設公司在蓋那些既沒有夢想也沒有希望的住宅時，就會不免覺得這種土地無法蓋出好的「容器」，其實不然。請想想京都的町家。絕妙的「容器」，以及「孕育住宅打造計劃」的最佳範例就在這裡。

町家的格局為「縱長型基地」的範例

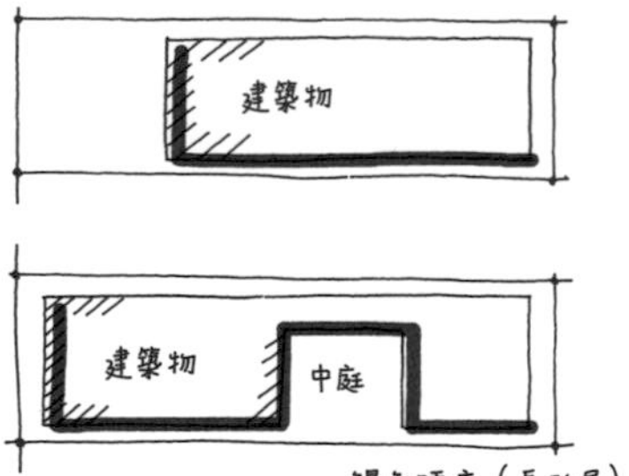

鰻魚睡床（長形屋）

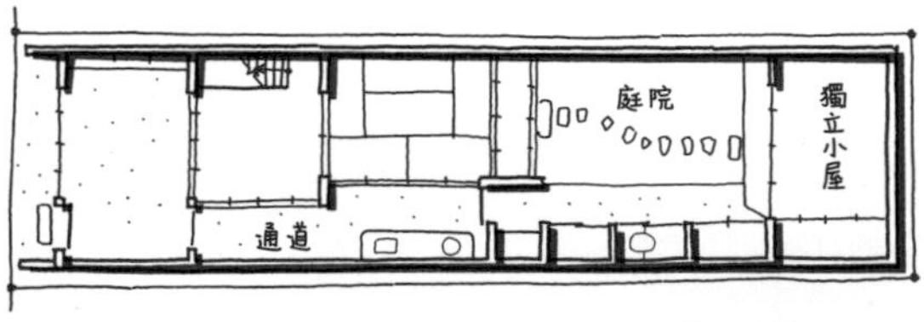

町家的格局

2 旗桿型基地

這種基地的桿子部分寬幅大約都是2m多。因為在道路的法規限制中，基地必須和道路相接2m以上。另外要注意的是，如果和道路相接部分少於2m，就是被規範為不可再建設的基地。

這種形狀的基地最不受歡迎。也就是有機會以低價購入。

如果充分能理解這種基地的優缺點，其實買起來非常划算。

為什麼大家會不喜歡呢？

①不論從哪裡都看不到家的樣子

②採光應該很差

③通風應該很差

④周圍被其他建築物圍繞，隱私和防盜都感覺不好

⑤沒地方停車

不過試著列出這些缺點後，除了⑤以外，其他應該都是能藉由「容器」的建造方式來解決。除此之外，還能利用這種土地的缺點，也就是桿子的部分，打造出其他基地無法模仿出來的超棒空間。

雖然是被嫌棄的「旗桿型基地」…

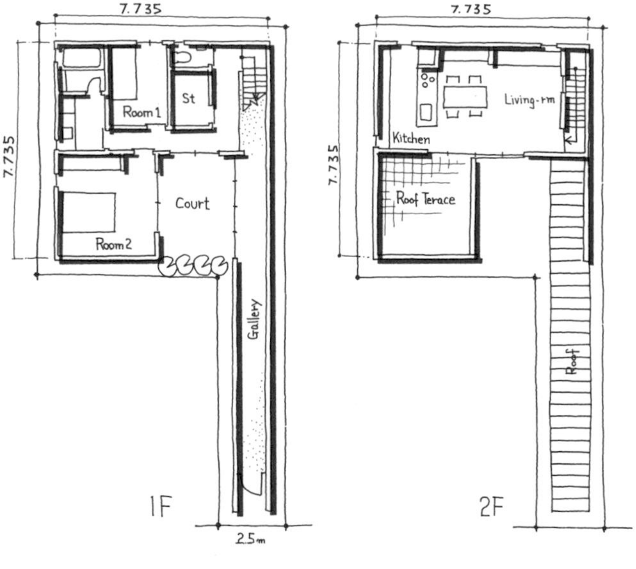

要注意道路斜線規定！

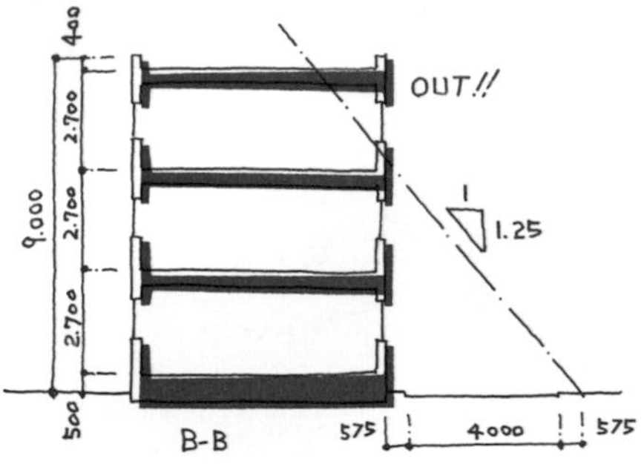

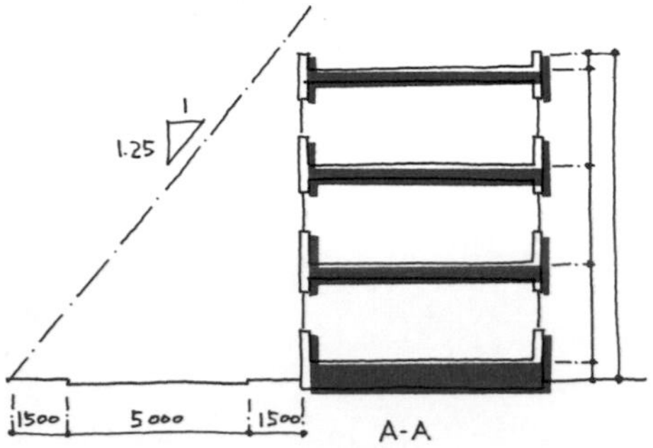

雖然A-A側的道路斜線OK，不過B-B側的道路斜線卻OUT！！

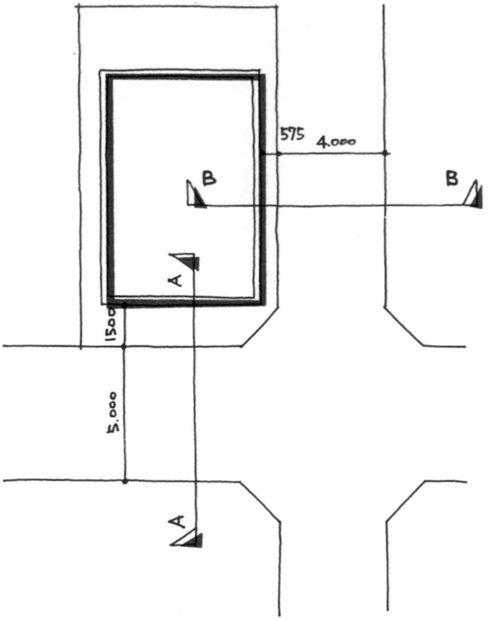

3 優點卻變成要害的基地

如前面所提，道路有所謂道路斜線的高度限制。假設要蓋一棟三層樓高的「容器」，有可能會因為想購買的土地，和道路連接的部份較窄，因此無法蓋出三層樓高的建築。在購買前必須要多加注意。可能會受限於道路斜線的規定。

4 試著想像可以打造出中庭的基地

許多人都會想擁有中庭。周圍被其他房間包圍的室外空間，雖然是屋外，卻彷彿身處室內般充滿不可思議的氛圍，是中庭的魅力之處。中庭也擁有各樣的用途。如果打造成戶外客廳，就能在好天氣時享受室外用餐的樂趣。另外也能活用成享受個人興趣的空間。打造成DIY木工的作業空間，或是保養戶外運動用品的場所，也可以是讓寵物自在奔跑的空間。設計成高爾夫練習區也不錯。或是打造出枯山水等賞玩用的空間，也是很棒的主意。

不過要打造出擁有中庭的「容器」，其實需要一定程度寬敞的

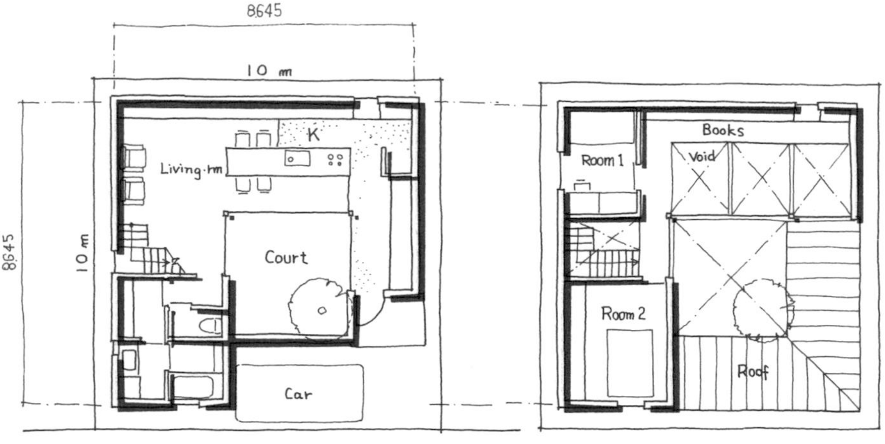

打造中庭住宅所需要的條件…

基地才行。

假設能接受寬3．5m方型大小的小巧中庭，最少也需要寬10m的方形基地。

5 如果想要豐富的屋外空間…

試著將「容器」斜放於基地上。如此一來，基地的四個角便能產生有趣的室外空間。由室內望向這些室外空間時，會呈現出既深又寬敞的視覺效果。如果將每個室外空間，分別和室內各個空間連接起來，也能打造出充滿魅力的居住空間。

⑤ 掌握方位和基地的關係

掌握土地的方位、一整天和一整年太陽照射的角度，是非常重要的。另外也要試著想像從房間的窗戶往外看時，會看到什麼樣的景色。

1 道路位於南側的土地比較好，是因為日照充足的關係。尤其考

如果要享受庭院樂趣…

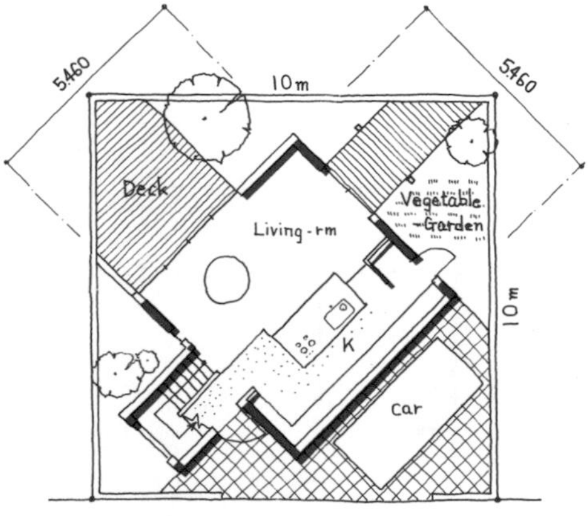

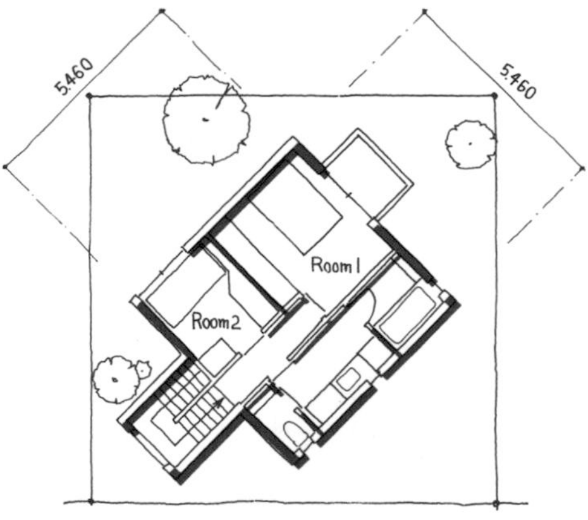

慮到冬天需要充足的採光，南側如果能夠敞開無遮蔽是最好的。

2 房間雖然越明亮越好，但是直射陽光未必是最佳選擇。在直射的陽光下無法閱讀。就像圖書館的閱覽室，大多都是在北側設置大面的窗戶，因此書房或是讀書間等空間，建議將窗戶設置於北側。

因為由北側窗戶進入的間接光線，非常安定而不刺眼。

3 夏日朝陽直射的房間，會熱到就算開冷氣也沒有效。西曬也是一樣。晚上會無法使熱氣散去。早上和傍晚的太陽照射角度較低，因此要特別注意屋簷等遮陽對策。

4 由南側窗戶往外眺望時，如果是風景遼闊的土地當然沒問題，不過一般的住宅區很難會有這種景色。大多都是會看見鄰宅的北側。也就是說，絕大多數打開窗戶後，就是鄰宅的廁所或是廚房側門的窗戶。想必沒有人會想看到這種風景。

讓冬天陽光進入室內並不容易

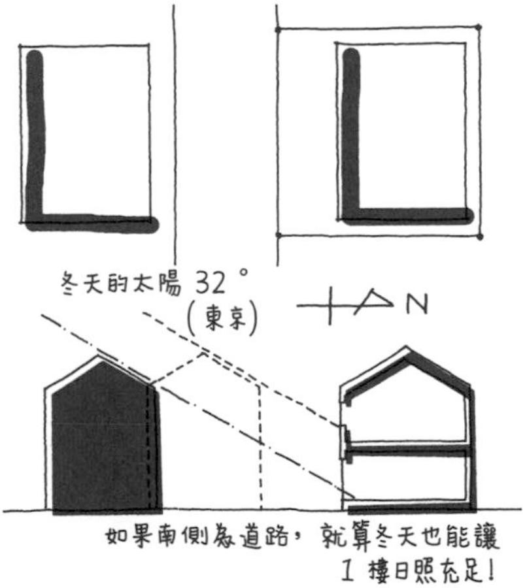
冬天的太陽 32°
(東京)
N
如果南側為道路，就算冬天也能讓
1樓日照充足!

也有光線太亮的情況

Too glare...!

和這相較之下，從北側窗戶見到的景色，通常是沐浴在艷陽下的綠意盎然。住宅也是，因為大多朝向南方，因此可以看到客廳，或是餐廳等主要的空間美麗地並排著。

總覺得日本人對於坐北朝南的信仰太過於強烈。如果試著接受坐南朝北的住宅，格局的樣式也可以有更多選擇。

難以遮擋東西側的直射日照

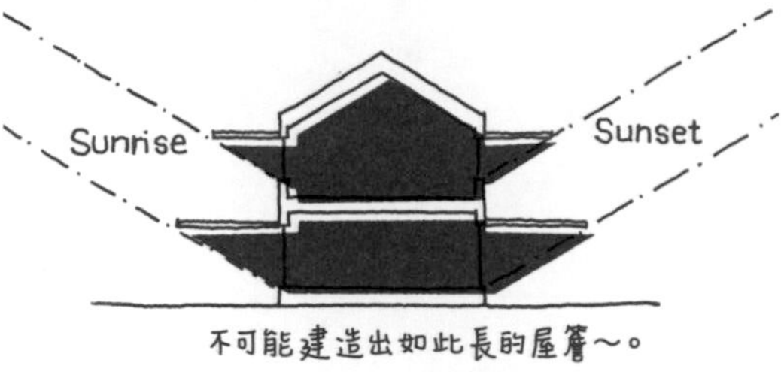

比起由南側窗戶望見的鄰宅景色，由北側窗戶眺望綠意，更令人舒適愜意！

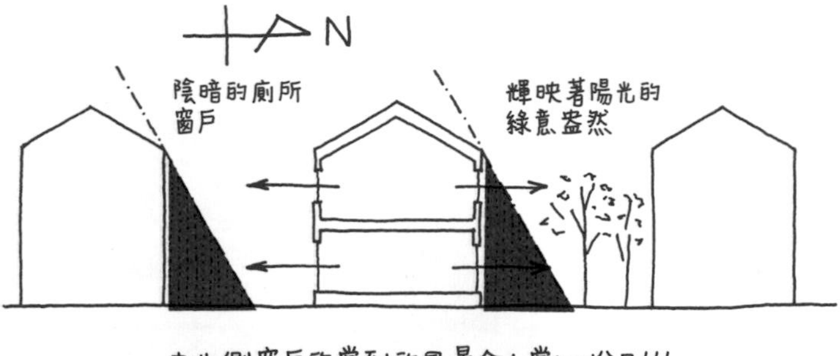

03

「內裝」的孕育方法

「內裝」是指「容器」中所打造的隔間和設備。在最初的「容器」中，逐漸建設及改造「內裝」。

01 玄關的孕育方法

① 玄關是什麼樣的地方

究竟玄關是什麼樣的地方呢？

連接屋內空間和室外的地方……？那麼通往庭院的露臺，或是

裝設門扇的場所呢？

玄關是穿鞋準備外出的地方。那麼也是進入家門脫鞋的地方……？或是招待訪客進門的地方……？

玄關當然可以說是家的出入口。不只是家人，還有各式各樣的客人會來訪。除了親戚朋友們之外，也會有宅配人員等⋯。

以前的日本富裕農家或武家的家屋，都設有兩個玄關。其中一個是當作主要出入口的玄關。但是這個玄關通常使用於「正式」場合，因此每年使用到的次數少之又少。雖然不常使用，卻打造得非常氣派寬敞。另一個則是平常出入用的玄關，有點像側門一樣，也就是「日常生活」的空間。

在時代劇中就能看見這種形式的建築，現在也仍然可以從快速成長時期建造的住宅中，看到許多這種建築所留下來的影子。另外，日本有些地方也還保留著戰前建造的住宅。直到現在，打造出豪華氣派的玄關，並只有在特別日子使用的人，其實不在少數。

在日本的民俗學或人類文化學中，有所謂的「晴和褻」（ハレとケ）的說法。「晴」是指儀式、祭典、節日慶典等「非日常」等場合，而「褻」則表示一般的「日常」生活。

日本動畫「海螺小姐」，是代表昭和快速成長期的家庭喜劇（漫畫的海螺小姐是更早以前）。而動畫中磯野家的格局圖也非常有名。磯野家是那個時代的典型上班族住宅，而這個家中就有玄關和側門兩個出入口。全家人都將玄關當作平常使用的出入口，動畫中的許多場面也是以這個玄關此為舞台。另一方面，海螺和舟（海螺的母親）大多由側門進出，販賣酒的業務員也是使用這個側門。這些都是能充分感受到昭和文化的場景。

美國以前也有一部叫做「神仙家庭（Bewitched）」的家庭劇。大約是40年前的電視劇。這部劇則描述了美國中產階級的家庭樣貌。和當時的日本一般住宅相較之下，美國的住宅就好像作夢般寬敞豪華。打開玄關的門扇後就是客廳。和玄關之間沒有任何隔間，可以直接看到沙發。訪客也能直接進入擺設沙發的客廳。不知道是不是不脫鞋的關係，充滿了寬敞的開放感。玄關門扇往內開，彷彿是招待訪客進入室內般自然。

用這樣的方式來理解玄關，也許能大致看出玄關的機能。比起

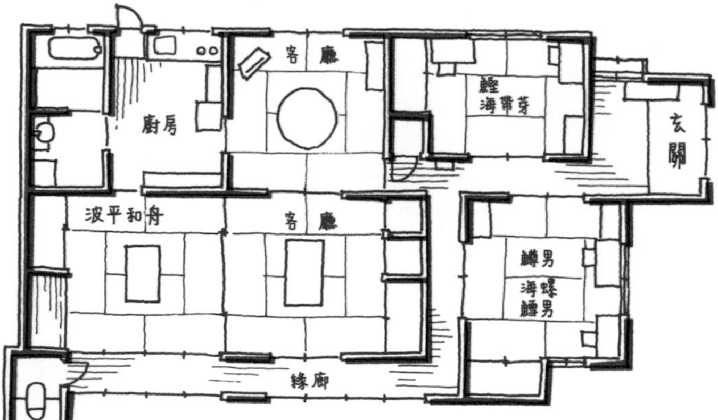

磯野家的格局圖

單純將內外連接的空間，更是代表著住宅與街道，以及居住者和街坊鄰居的彼此關係。我們在打造住宅時，首先試著思考自己的家，希望和街道保持什麼樣的關係，也許可以得到更多關於玄關設計的啟發。

日本以前的町家或農家的住宅，並沒有所謂的玄關。當然會有出入專用的門扇，將左右拉門打開後，就是寬敞的土間。不用脫鞋的土間，直接和通往內部的走道相連，往內走就是廚房或客廳等場所。沒有任何裝飾。可以說是根據機能性而打造的空間。

如果從機能性來看的話，比較接近「神仙家庭」中史蒂芬家的樣子。

和這種住宅相較之下，現代住宅的玄關，似乎更受到過去富裕農家或武家建築的影響。講究排場。不論是再小的住宅，大多都設有專用的玄關，並且再配置另外的側門。可以說是以磯野家為基礎發展而來。

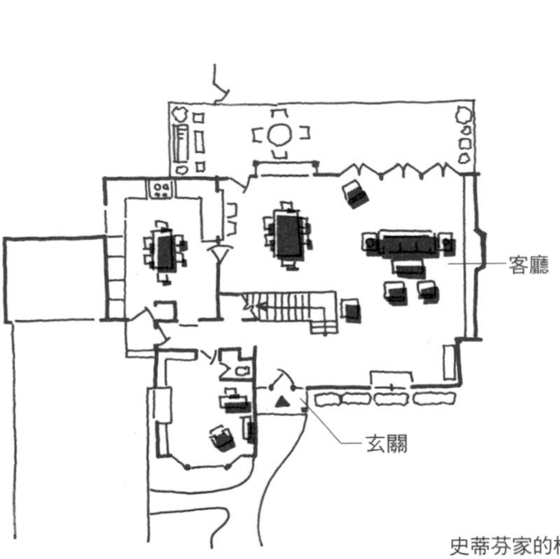

史蒂芬家的格局圖

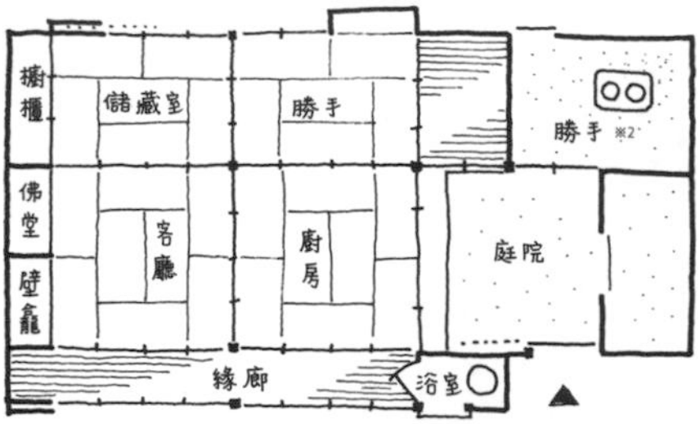

農家的格局圖

町家的格局圖

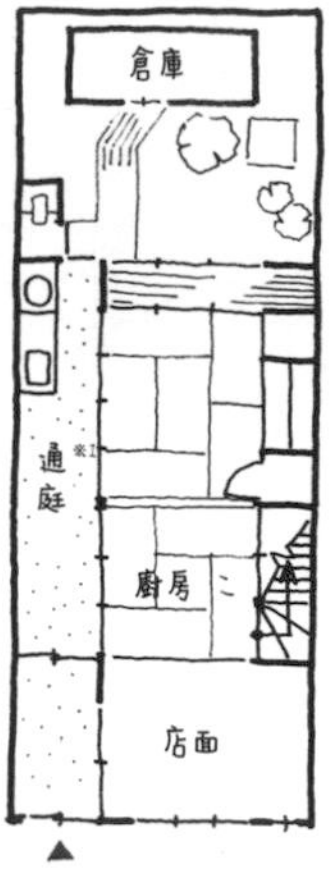

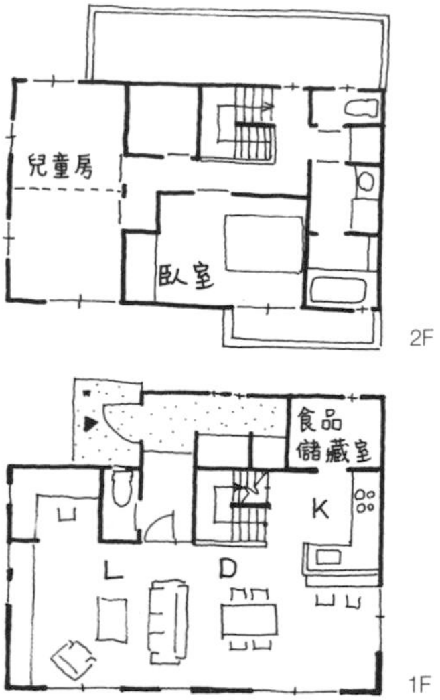

房屋建設公司的格局圖

武家的格局圖

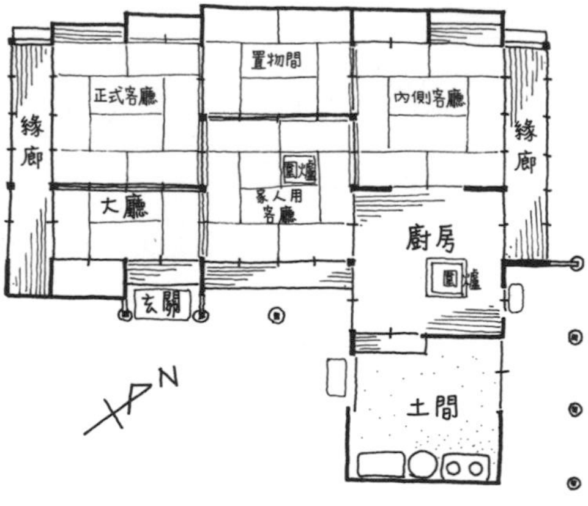

※1 通庭：未鋪設地板的走道，可通往住宅內部。
※2 勝手：指設有圍爐的土間廚房，或是位於土間廚房和廚房之間的房間。

②「孕育住宅打造計劃」的玄關

打開門後，就是不需要脫鞋的土間空間。直接和客廳或餐廳相連，因此可說是沒有專用的玄關。可以在此放置鞋櫃，方便更換室內鞋。類似日本以前的農家或町家樣式，也有點接近史蒂芬家的樣子。如果不希望內部空間一覽無遺，也可以藉由門扇設計，或是裝上喜愛的門簾等，就能稍微遮住通往屋內的視線。這些可以在入住後，根據居住的狀況而慢慢決定。

我認為現代住宅的玄關，不需要過於重視氣派的設計。比起這些，更應該注重和街道的關係性。仔細思考想要和居住於街道上的鄰居們，維持著什麼樣的關係。最初從什麼都沒有的狀態開始，居住的同時慢慢摸索、並且能決定與街坊鄰居保持什麼樣的關係，才是最好的玄關。

簡單卻具有機能性的玄關

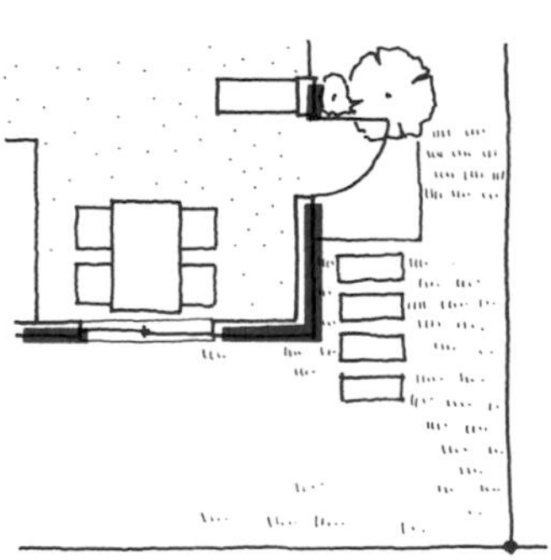

③ 玄關的孕育方法

玄關的孕育方法有兩種方向。其一是如何充實內部的使用方便性，另外一個則是和街道及鄰居的關係。

前者其實意外地需要各種機能。首先是鞋櫃，其實不光只是鞋子。如果還想放置大衣、嬰兒車、高爾夫球具等戶外運動用品時，可以配置一個步入式儲物櫃，根據收納物品來慢慢地孕育。另外也可以當作放置室內拖鞋、宅配用的印章、掛腳踏車或是車鑰匙的地方。也可以將腳踏車收納於此空間內。

可能也會想要一面能看見全身的鏡子，或是可以坐著穿鞋的凳子。隨著年齡增加，也許加裝扶手會更方便。

而後者則是如何打造和街道及街坊鄰居的關係。向街道敞開或緊閉，想融入街道或是保持低調等，可以根據這些想法來孕育玄關。例如玄關門上裝設玻璃，是否能透過玻璃看見室內等。光只有這部份，就會呈現出完全不同的住宅印象。假設你非常歡迎突然造訪的客人，也許在玄關設置椅子等，打造出可以稍微閒聊的

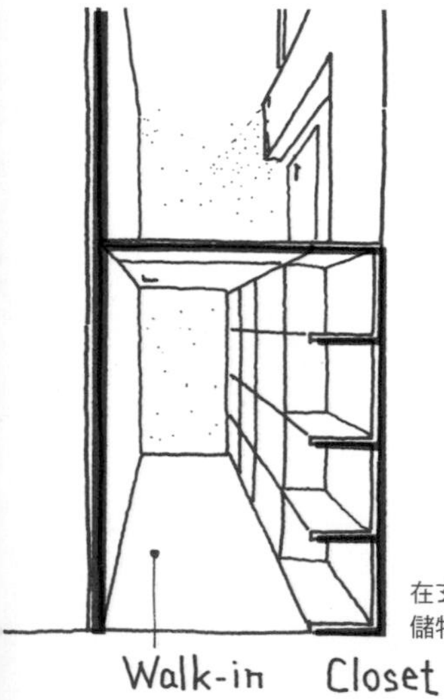

在玄關設置步入式儲物櫃

玄關是和當地人事物彼此聯繫的重要空間

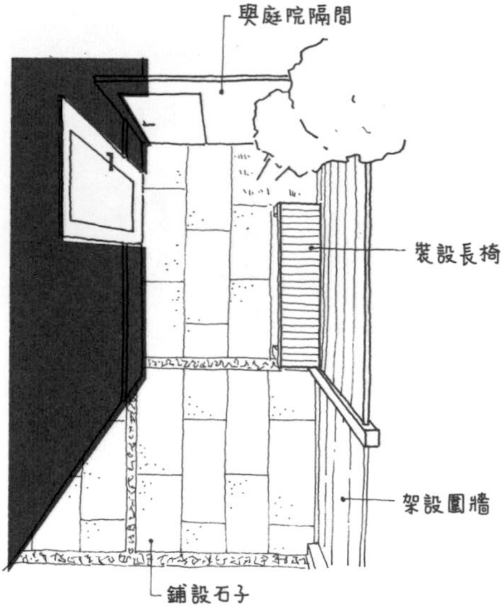

空間。如果有一張咖啡桌也很吸引人。或是將玄關打造成展現自己興趣或想法的迷你展示間。「我就是這樣的人」好像在向街道行人們自我介紹般。當然，每個人的價值觀都不同。所以才會產生各種不同的創意想法。

02 客廳的孕育方法

① 客廳是用來做什麼的地方

日文中的客廳——「居間」的命名非常有趣。根據字面上解釋就是「所在的空間」。在這空間中並沒有其他行為和機能性。最接近的意義也許就是「大家的所在之處」。父母會將這個空間當作全家人溝通、聚集的場所。而小孩們也許則當作看電視的地方。另外也是來訪客人的接待空間。可以放置沙發、鋪設木板滾來滾去，或是鋪設榻榻米。

有句話叫做闔家團聚。在字典搜尋「團聚」，會出現「聚集並圍著坐在一起，和親戚朋友聚集度過快樂時光」這樣的解釋。以前的日本住宅中，有一種空間叫做「茶之間」。通常是小巧的榻榻米房間，到了冬天全家人會圍著暖桌聚集在一起。這就是團聚的場所。另外還有稱為「接待間」和「座敷」的地方。是用來舉行特別儀式，或是接待賓客的房間。

在現代住宅中的「客廳」，就是由「茶之間」、「接待間」及「座敷」結合而成的空間。也就是兼用家族團聚，以及接待訪客的地方。

另一方面，如果仔細觀察全家人在客廳的樣子，將會發現即使在同一個空間中，家人也不一定會彼此對話，有可能都是在做著自己的事情。這雖然和團聚的意義不同，不過重視每個人在客廳度過的時光，也是一種客廳的形式。試著想像在同一個空間中，每個人分別做著不同的事情。閱讀或是念書。看電視、喝著茶。

全家人分別度過私人時光的客廳

或是沉浸於個人興趣。偶爾眺望庭院，只是靜靜地待著。這些都是全家人在客廳度過時光的方式。也許這些各樣的狀態，才是孕育客廳的重要關鍵。

②「孕育住宅打造計劃」的客廳

在「孕育住宅打造計劃」中⋯，首先從水泥地板開始。

首先水泥地板上，試著放置全家人份的椅子。若每張椅子都擁有不同的形狀和顏色，將會充滿樂趣。不需要價格高昂的精品，稍低的椅面坐起來會比較舒適悠閒。空間不要求寬敞，重點是要讓全家人能保持適當的距離感。如果分別有伸展自如的座位，以及彷彿蜷曲小窩的座位等變化空間是最理想的。另一方面，也要思考和餐桌之間的關係。在打造小巧的住宅時，除了用餐的機能之外，還能將餐廳賦予部分的客廳機能。

水泥地板非常適合埋設蓄熱式的地板暖氣設備。水泥的比熱較大，因此活用此特性來有效蓄熱。「比熱大」意味著「不容易變

每個人都有專屬的椅子

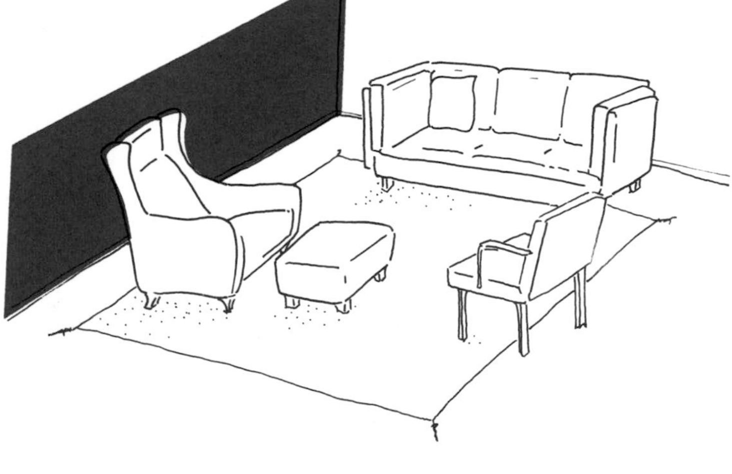

暖且難以降溫」。也就是說，只要加熱後，就算經過相當時間也不容易冷卻。活用這種特性，如果水泥地板的採光良好，就能夠在白天積蓄太陽光產生的熱，到了晚上便能藉由熱能使空間溫暖。雖然難以想像溫暖的水泥，不過實際上卻非常舒適。

③ 客廳的孕育方法

隨著時光流逝、家人的成長，團聚的方式也會有所改變。首先是越來越重視獨處的時光。試著打造出能夠閱讀的空間。孩子還小的時候就設計出能夠一起閱讀的空間，如果只有大人們的話，營造出能享受熱茶或美酒的氛圍也不錯。或是打造出工作小空間。也可以是專門欣賞音樂或電影的地方。將某面牆壁製作成整面書櫃如何？不光只是書籍，打造出一個紀錄孩子成長的角落也是一種方式。

客廳的機能一直不斷地變化。就算一開始是土間水泥地板，將來還可以鋪設木製地板。或是鋪上榻榻米。在部份地板上搭一塊

親子休憩或遊玩的空間

架高的台階，也會非常有趣。如果旁邊放置暖爐或石油暖爐等，就更棒了。將來若養寵物的話，也方便隨時改造。打造出能享受個人興趣的角落也不錯。設置一個彷彿咖啡廳的小角落，與客人悠閒地品嘗熱茶，也是一種可行的方式。

於架高地板上放置小矮桌

打造書房角落

03 廚房&餐廳的孕育方法

餐廳和廚房。是為了能舒適、愉快地度過每一天的重要空間。因此所要求的機能也比較多，不過首先來試著整理餐廳和廚房的關係性。

① 餐廳和廚房的關係

兩個空間的組合方式非常重要。大致上可分成5種類型。

1 獨立型

廚房完全獨立的類型。不用在意水或油煙噴灑，能夠專心料理，特別受到愛下廚的人歡迎。適合要求廚房的調理機能，擁有系統或固定式類型的人。獨立一間的關係，必須要考量到冷暖氣

從餐桌完全看不到廚房

在獨立型的廚房中設置配膳窗，似乎不方便拿取…

2 面對獨立型

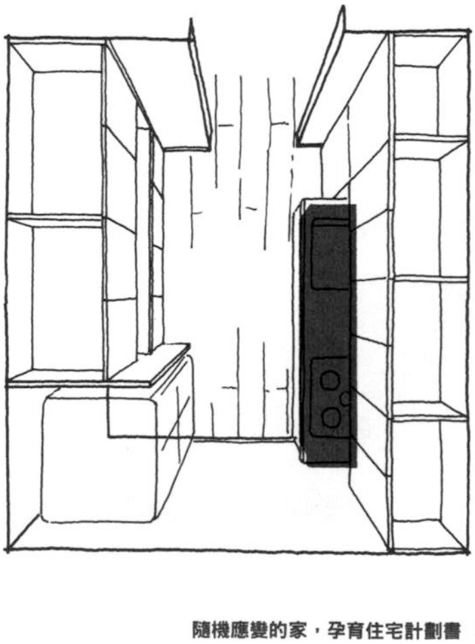

1 獨立型

的問題。

2 面對獨立型

保持空間獨立的同時，將瓦斯爐或是水槽的位置面向餐廳配置，可藉此隱藏手邊作業，又能夠看到餐廳的樣子。可以對應各種需求，大樓或是建設公司住宅多為此類型。如果在面對的位置設置餐桌，還可以設置配膳用的檯面。

3 面對開放型

面對餐廳，加上瓦斯爐或水槽為開放設計。也稱為中島型廚房，根據製作方式，也有可從水槽或調理台四周都能使用的樣式，非常適合開派對的類型。不過要注意料理時的油水噴散，以及排油煙機的噪音。

4 並列型

將瓦斯爐或水槽和餐桌平行並列的方式。縮短動線及節省空

3 面對開放型

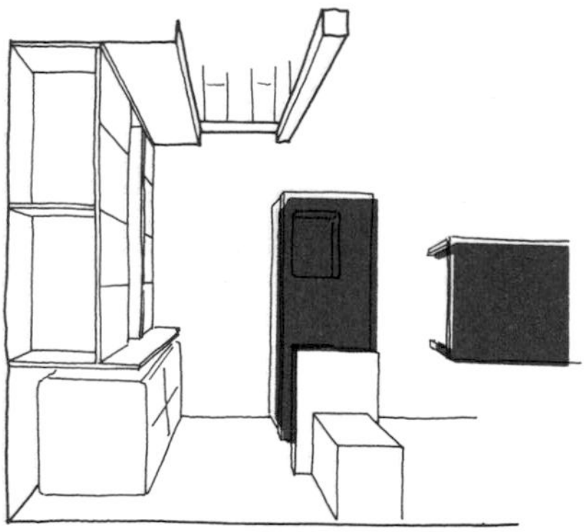

最適合開派對

間，是此類型的魅力之處。適合一個人生活或是小家庭。

5 餐廚合併型

將瓦斯爐或水槽面向牆壁配置，並於中央放置餐桌的配置方法。如果面積足夠的話，在水槽和餐中之間放置調理台，將會大大提升方便性。

②「孕育住宅打造計劃」的餐廳和廚房

這兩個地方是家中最重要的空間。烹調料理以及用餐的空間，也許就是家的本質。也許同時也是隨著時光流逝，需求改變最大的空間。因此必須要具有靈活的應變措施，來因應多樣的變化。家族結構的變化、用餐喜好的變化、料理方式的變化等，是否能在長年歲月中，柔軟對應生活型態的變化，才是打造餐廚空間的重點。

此外，廚房和浴室一樣，都是家中消耗最快速的空間。機械設

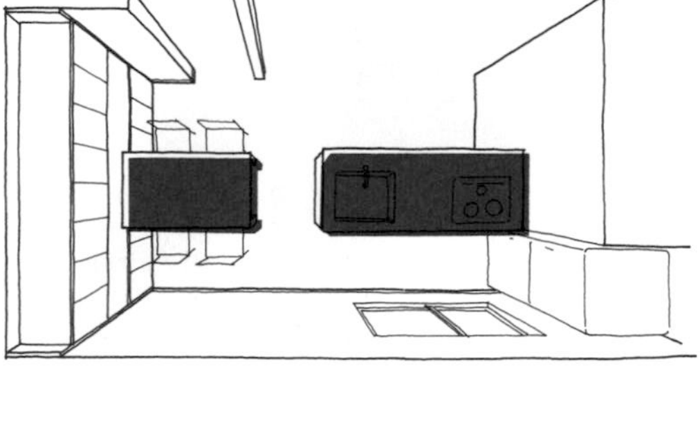

4 並列型

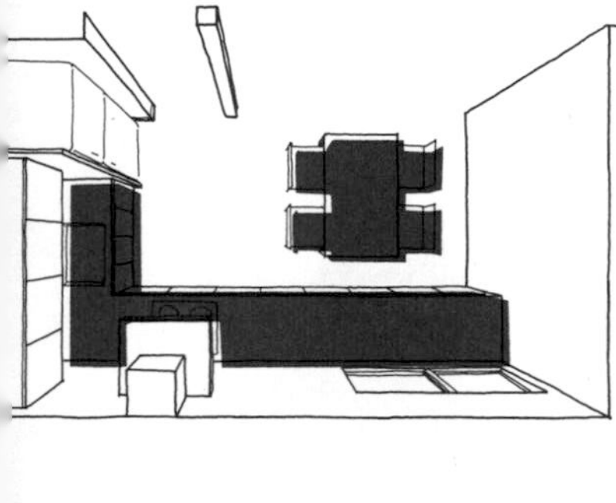

5 餐廚合併型

備的更換、管線的更換、地板天花板的更換等，在設計時也必須要考慮到是否能柔軟對應這些情況。

使用電器熱源或瓦斯熱源，也是一個重大抉擇。熱水的供應方法也是重點之一。雖然會根據生活方式或家族結構來決定，不過在設計階段就必須要謹慎思考。

「孕育住宅打造計劃」中，選擇的是量身訂製廚房。雖然市售的系統廚房都有經過精心設計，不過其中一定會有自己家中不需要的部分，也會因此使價格提高。另一方面，廠商為了降低製作成本，可能會使用非常薄的不鏽鋼天板，或是無法裝上喜愛的水龍頭等，會有許多事與願違的情況發生。考慮到對於自己的家而言，現在真的需要的東西，以及將來的拓展性，訂製廚房是最好的方式。一開始盡可能簡單製作。在使用的同時，根據需求慢慢增加。

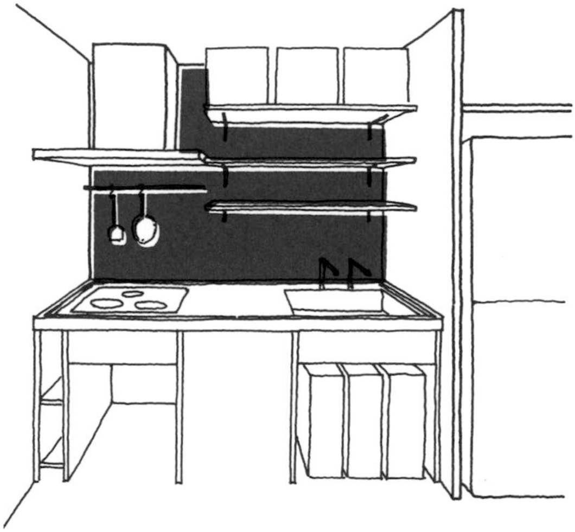

訂製的機能型廚房

③餐廳和廚房的孕育方法

廚房和餐廳的關係，一定會有所改變。如果希望孩子和家人能同時在廚房料理，餐廚合併會是最適合的類型；重視家庭派對時，就選擇對面開放型。隨著時光流逝，廚房的形式也會逐漸改變。將冷熱水管和排水管線分別配置於兩處，方便將來把面向牆壁的廚房，改造成放置於空間中的中島型廚房。預設將來有可能發生的情況並未雨綢繆，就是「孕育住宅打造計劃」的基本思考方式。

可以選擇稍大且較低的餐桌。因為這裡不只侷限於用餐。這樣才能在同一張餐桌上，保持適當的距離做自己的事。孩子還小的時候，也許餐桌就是他們的讀書空間。使用餐桌的時間其實很長。如果能打造出悠閒寬敞的餐桌，家人可能就會自然而然地聚集於此。這時候反而餐廳才是團聚的地方，也就是從前的「茶之間」。

餐桌的材質及塗裝也非常重要。當然，實木材是最能夠孕育餐

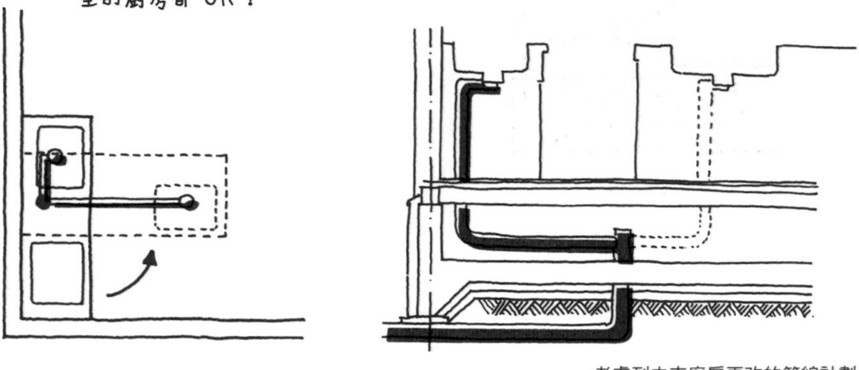
事先預想可能的廚房類型設置給
排水管線，不論是牆壁型或中島
型的廚房都 OK！

考慮到未來廚房更改的管線計劃

桌的材質。表面塗裝則是建議上蠟等，能夠滲透至木材的塗裝類型。如果只是一般的塗裝，則需要在木材上一層底漆。雖然上了底漆之後，可以避免木材沾染髒污，不過木紋卻會因此消失。使用的歷史痕跡也會不見。因此能夠滲透至木材內的上蠟塗裝，才能夠將實木材的質感發揮極致。有時候可能會不小心打翻咖啡或紅酒，而使木材染色，不過這也是一種韻味，同時也是餐桌隨著時光孕育的證明。

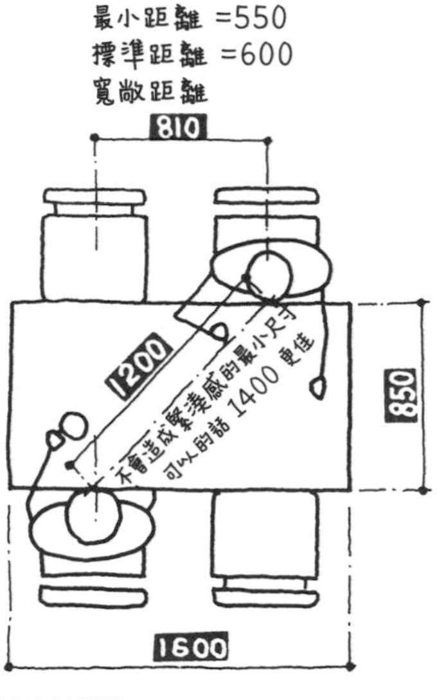

桌子的大小・保持家族彼此適當的距離

04

浴室・衛浴空間・廁所的孕育方法

①浴室的基本條件

在設計住宅時，屋主們對於浴室的要求範圍非常廣。有些人要求：「能沖澡，以及可以在浴缸內泡澡就夠了。不需要舒適性，只要求基本的機能，還有希望打掃方便、乾淨整潔」，也有些人這樣說：「可以的話，希望泡在浴缸內欣賞月色。還想要可以裸著身子走出去的浴室庭院，夏天還可以在那裡喝啤酒！」

這兩者的差別非常大。前者將浴室當作洗淨身體的「機能性場所」，因此要求的是最基本的浴室。不需要洗澡以外的機能，或是其他多餘的部分。而後者還要求是一個「洗滌心靈的場所」。不只是洗淨身體而已，希望浴室也能擁有療癒身心的作用。而這兩種浴室的使用時間也有極大的差異。

不需要去探討這兩種類型中，哪一種才是正確的，而是就算是同樣的人，也有可能會隨著時光流逝而改變想法。

另外，浴室也是消耗性較大的空間。選擇方便每天打掃的材質，或是如何打造出長保清潔的窗戶，以維持良好通風等，都是需要注意的部分。浴室也是必須裸體的地方。因此遮蔽外來視線或注重防盜機能，也都是理所當然的。

設計的時候，同時還要考慮到更換機器設備的方便性。

②「孕育住宅打造計劃」的浴室和孕育方法

「孕育住宅打造計劃」的浴室……，首先從建築物結構體，也就是將基礎水泥直接當作淋浴區。在水泥地板鋪上木棧板也很舒適。還能隨時保持乾淨的浴室。雖然大家對於水泥地板的印象並不是很好，不過卻是清掃容易，又能隨時保持整潔的材質。雖然可以塗上防水塗裝，不過要注意別選到表面會滑的類型。如果不鋪設任何東西而直接使用時，也可以向客廳的水泥土間地板一

明亮寬敞的浴室

樣，在水泥地板中埋設蓄熱式地板暖氣。在牆壁和天花板貼上浴室專用的面板，雖然最能夠維持耐久性，不過也可以貼上耐水性強的彈性板後，再於表面施作高耐水性的塗裝，還有用砂漿等塗裝表面後，再塗上彈性塗裝等方法。可以自由決定顏色，是選擇塗裝方式的魅力之處。親手DIY塗裝，還能體驗孕育住宅的樂趣。將來也可以在牆壁貼上檜木、羅漢松、花柏，或是美西側柏等，耐水性較強的木板，又別有一番風味。

浴缸則推薦選用獨立式浴缸。也是最簡單的浴室設計。

說到獨立式浴缸，想必許多人腦海會浮現貓腳浴缸等華麗的造型，其實並不只有這種而已。最近市面上也推出很多種既時尚又價格合理的產品。另外，日本早在以前就有這種類型的浴缸。五[※1]右衛門風呂就是日本獨立型浴缸的始祖，檜木浴桶也屬於此類型。另一方面，採用獨立式浴缸時，也需要一些設計的訣竅。就是確保四周騰出足夠的縫隙方便打掃。曾用過或是知道附[※2]帶室內型熱水器浴缸等稍有年紀的人，可能對於獨立式浴缸會有不好的印象，不過這裡的獨立式浴缸和以前是完全不同的東西。另外考

使用大量木材打造出的和風浴室

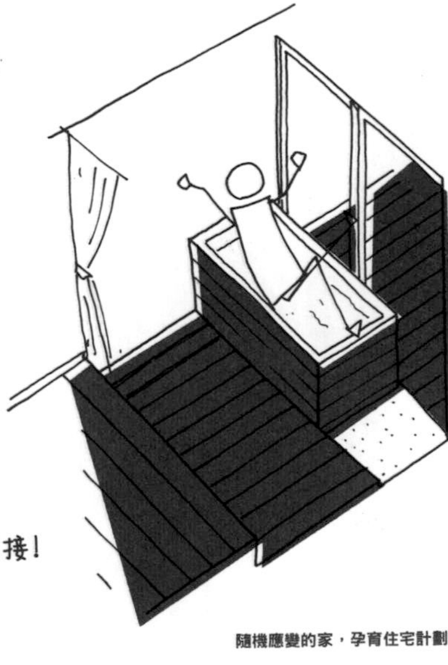
在淋浴區鋪上棧板！
還能和室外的木製甲板露臺連接！

慮到將來更換浴缸或管線時，方便保養及維修也是獨立式浴缸的優點。裝修浴室更換設備時，或都非常便於施工作業。

「孕育住宅打造計劃」的浴室能隨著逐漸變換的喜好及興趣，逐漸地孕育、改變及成長。

※1 五右衛門風呂：日本的傳統鐵製浴缸。名稱的由來是安土桃山時代的大盜石川五右衛門，被逮捕時處以釜煎之刑，後來的人便稱大鐵鍋燒水洗澡為「五右衛門風呂」。
※2 附帶室內型熱水器浴缸：將BF排氣式（Balanced-Flue）的熱水器裝設於浴缸旁的類型。

③衛浴空間的機能

此空間所要求的機能為，早晚或回到家時洗臉洗手的洗臉台、入浴前的脫衣間，以及洗衣間的機能。考量到大家庭的利用時間容易重疊和物品量，建議將盥洗室、脫衣間和洗衣間分開來設置，不過如果是小家庭的小巧住宅時，就不需要隔間，可將三種機能集中在同一個空間內。另外，如果臥室內沒有放置梳妝台時，也可以將此空間賦予化妝間機能，或是根據狀況增設廁

擁有6種機能的衛浴空間

所。除此之外，還能設置烘乾機，以及兼用室內曬衣場等。如此一來，就成為擁有六種用途的多機能空間，也可稱之為「衛浴空間」。

④「孕育住宅打造計劃」的衛浴空間

那麼這個空間的地板該如何選擇呢？首先，必須要擁有少許的防水性能。就算洗完澡後鋪上地墊，洗臉台的水多少還是會潑灑出來。和其他空間比起來濕度也比較高。不過因為光著腳的關係，最重要的還是要選擇肌膚觸感舒適的材質。大樓或是預售屋等住宅，大多鋪上發泡系的ＰＶＣ片材板。雖然耐水性佳，經常應用於盥洗室或廚房的地板上，不過ＰＶＣ塑膠板的觸感還是太過於僵硬死板。而且也無法隨著歲月而增加韻味，所以「孕育住宅打造計劃」並不採用這種材料。「孕育住宅打造計劃」所選用的是實木地板。雖然不建議使用木芯為合板的複合式木地板，因為一旦吸收水分後，表面的木材部分就會立刻龜裂，不過實木的

從簡單的衛浴空間開始

木板就沒有這種問題。選擇無塗裝並且打蠟的類型，享受光著腳丫的溫潤踏實感。

牆壁和天花板則建議選用石膏板，並於表面施做耐水性強的塗裝。如果裝潢不受限於防火法規時，也建議選用鑽孔容易的椴木合板，加上耐水性強的塗裝。

⑤衛浴空間的孕育方法

衛浴空間是一個多機能的場所。在小空間中追求極致發揮。此處同時也是設置電器設備、給排水設備、衛生設備等各種機器設備的空間。要考量到每天清掃維持的方便性，以及在生活的同時，還能充滿樂趣的思考著如何改善的基本設計。

將洗臉台機能、穿脫衣空間機能、洗衣服機能、化粧機能、廁所機能及曬衣場機能，合併成一個衛浴空間，也許會是個不錯的選擇。

機能豐富的衛浴空間

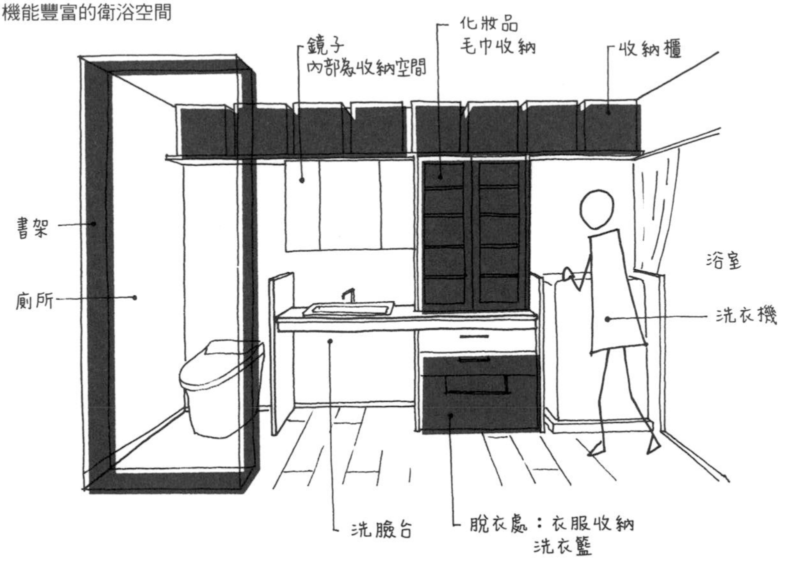

⑥廁所的機能

廁所要求的部分就是衛生乾淨。對於近年來馬桶的多機能進化，我總感到訝異不已。不過我認為自動打開蓋子、或是馬桶內散發美麗光線等，都是沒必要的功能。另外，環保節能設計固然好，不過最近的省水裝置總覺有點太誇張。

另一方面，我對於除臭機能的進化也感到非常驚訝。其實設計廁所時，最應該要注意的就是氣味。該如何除臭。雖然在馬桶裝上除臭裝置，也是一種解決的辦法，但是最重要的還是必須透過窗戶或換氣扇，將有異味的空氣排出。此外還要避免異味飄散到其他空間。因此，廁所必須要保持負壓。空氣會從高壓處流向低壓處。所以如果將廁所保持在低壓，就能避免異味飄散到其他房間。

在廁所中裝設能夠24小時的換氣設備，就可以適當排氣，使廁所隨時保持在負壓的狀態。根據病態建築（sick house）法規，在規範為0．5次的住宅室內中，必須裝設每2小時可將室內空氣換氣1次的換氣扇，並且維持在開啟狀態。如果將這種機能的換氣扇裝設於廁所，便能使廁所24小時排氣，隨時保持在負壓的狀態。

地板該用什麼材質好呢？和衛浴空間的考量點相同，建議採用實木地板。牆壁及天花板也選用椴木合板或石膏板，再於表面塗裝即可。

另外還需要設置收納空間。像是放置衛生紙、擦手巾及和生理用品等物品的空間，以及收納掃除用具的地方。考量到來訪客人也會使用廁所，所以要仔細思考合適的收納方式。

⑦「孕育住宅打造計劃」的趣味廁所和孕育方法

想為廁所增添一些樂趣。在大小恰當的空間內放置馬桶，這種方式雖然可行，不過廁所也許是唯一的獨處空間。因此除了機能性之外，也希望能打造出一個人也能擁有短暫趣味時光的空間。

有一種馬桶水箱上裝有洗手功能的馬桶類型。雖然是非常合理

的產品，不過孕育住宅並不推薦這種馬桶。而是另外裝設小巧的檯面，並於檯面上設置洗手檯。還能在檯面上裝飾旅行的回憶、或是親手製的裝飾物等。

廁所中的收納應該分為可見式及隱藏式兩種。掃除用具和生理用品等，應該收納於設有門扇的櫃子中隱藏。檯面下方就是設置門扇的絕佳位置。

而外露式收納箱，則用來裝衛生紙及擦手毛巾等物品。利用舊材製作出開放式棚架，也是個很棒的選擇，或是製作出較深、附有木框的鏡子，並放置於鏡子上方等也可以。如果預備衛生紙的量較多時，就建議放入鐵網製的籃子中。和塑膠製的產品相較之下，金屬製的籃子既堅固又能呈現出整潔感。

另外也會有人想在廁所中裝設書架。於整面牆壁設置書架，會是個獨具特色的空間。而且並不侷限於書籍，還能活用成收納櫃。這樣就能打造出充滿樂趣的廁所。

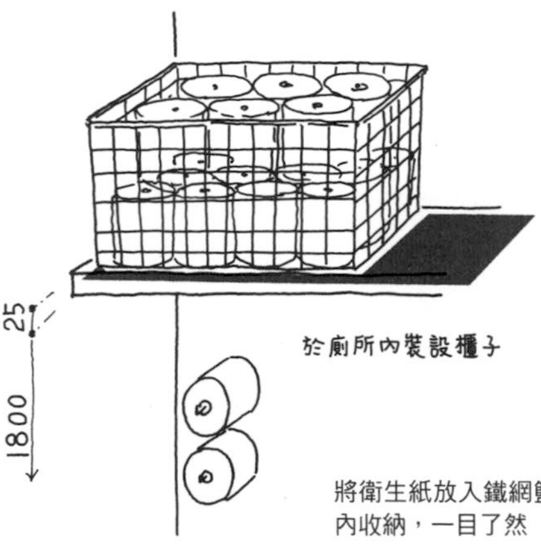

將衛生紙放入鐵網籃內收納，一目了然

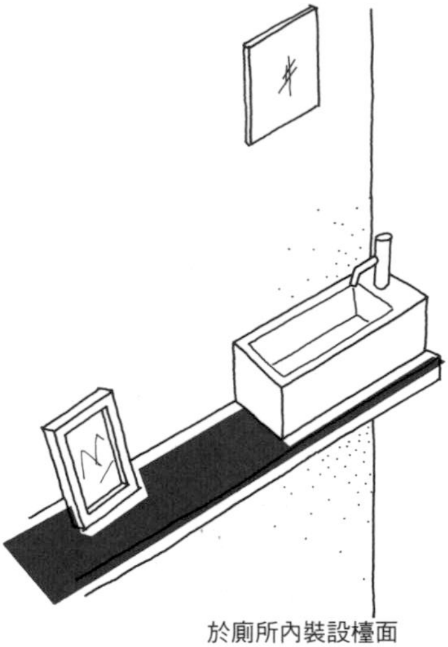
於廁所內裝設檯面

05 臥室的孕育方法

①臥室必備的條件

住宅空間中隱私度較高的臥室，設計者也很少遇到屋主過於詳細的委託，是屬於要求比較少的空間之一。不過還是要考慮到像是棉被要拿到哪裡曬、或是和衣櫥的關係等各種問題。

臥室是為了休憩睡眠而設的空間，因此臥室必備的條件，就是一定要能夠舒適好眠。如果單人臥室還算好解決，不過在打造夫妻的主臥房時，就要根據起床時間、就寢時間的差異，規劃出床的配置和照明計劃。習慣在半夜起床上廁所的人、睡覺習慣關燈的人，或是希望朝陽能進入臥室等，每個人的睡眠習慣其實都不盡相同。

另外還有習慣在睡前閱讀書籍的人，或是絕對要將手機放在枕邊附近充電等各種獨特的習慣。

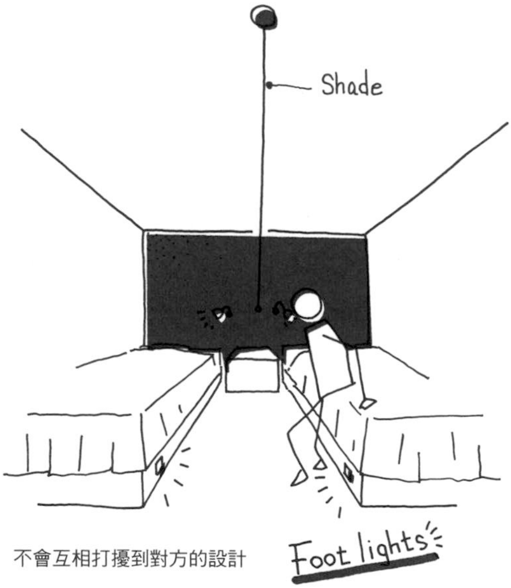

不會互相打擾到對方的設計

就算是夫妻，生活規律也會有所不同

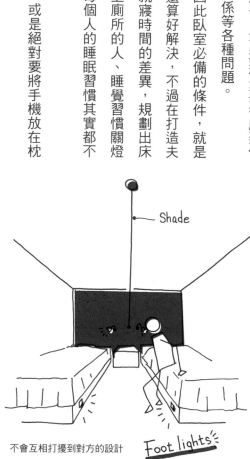

我也曾經發生過被別人說服的經驗。屋主是一對年過半百的夫婦。這對夫婦習慣在榻榻米房間鋪棉被睡覺，不過就算房間很小，也希望能分成兩間。也許是打鼾聲會吵到對方吧？又或是不想被深夜回家的丈夫吵醒。而這對夫婦希望在兩個房間之間設置和室拉門。可能是考慮到收放棉被，可以開關的拉門會比較方便吧？我想。不過女主人的理由卻非如此。而是希望睡覺的時候能把拉門敞開一半。詢問原因後，「我不希望一早起來，才發現隔壁房間的先生已經死去…」女主人這樣說。同樣的理由不只有這對夫婦而已。不到某個歲數，想必很難理解這種想法。

另外，雖然在臥室設置女性化妝空間很常見，但是不需要的人也不下少數，這時候就可以打造出兼用化粧空間的盥洗室。

也有人將臥室當作放置曬乾的衣服、摺衣服或燙衣服的地方。如果要配置燙衣服的空間，其實需要相當寬的桌子。還有想將臥室作為室內曬衣間的要求。如果要在臥室旁設置陽台並當作曬衣場時，可以的話盡量打造寬敞一點，使陽台兼具睡前享受愜意片刻的小空間。

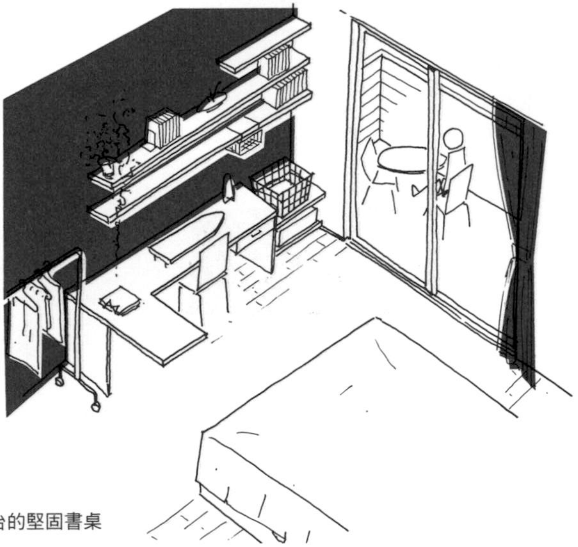

在臥室中設置書房。製作出兼用燙衣台的堅固書桌

②「孕育住宅打造計劃」的臥室及孕育方法

睡覺的型態主要有榻榻米上鋪棉被，以及床鋪兩種。其實榻榻米派的人意外地多。理由是「因為可以跟小孩一起睡」，不過小孩長大後該怎麼辦呢？年紀大了還會有將棉被收放至櫥櫃的問題。

有個方法能夠一次解決所有問題。就是榻榻米床。挑選尺寸為1m×2m、高度40cm左右的單人榻榻米床，家中有多少人就準備幾張。孩子還小的時候，可將所有床鋪並列起來。夫妻和小孩以「川字型」的位置睡覺。也可以將三張床稍微拉開距離放置。將來也能直接將床鋪移動至兒童房。或是將床鋪彼此拉出間隔，並設置隔間牆等。當然，榻榻米床下方還能設置收納抽屜。用來放置換季用的棉被或是毯子等。

榻榻米床是此生的好夥伴

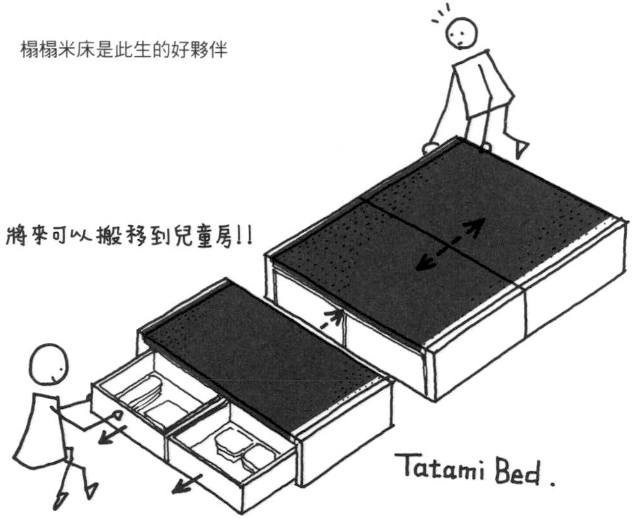

06

兒童房的孕育方法

①所謂兒童房

兒童房是什麼樣的空間呢？孩子還小時，可以說是教養孩子的地方。也許是教導孩子整理環境、維持整潔，培養獨立性的地方。有些人認為這個階段的小孩，還不需要擁有自己的房間。尤其在足不出戶、少年犯罪逐漸成為社會問題的現今，許多人堅持著這種想法。另外還有調查結果指出，成績優秀的小孩，都是在餐廳等能夠感受到家人氣息的環境下讀書等。也就是將餐桌當作學習書桌。也有人是這麼想的，兒童房並非讓小孩獨立，只會孤立他們、使他們無法與家人交流。

如果無法清楚確立此空間的必要性，就沒辦法決定兒童房的樣式。不過有一點是非常明確的。就是小孩物品的收納、保管空間。孩子在小時候大多擁有各樣玩具，隨著成長而更換的衣服和書籍也會越來越多。因此絕對需要收納的機能。

②「孕育住宅打造計劃」的兒童房

打造兒童房時該如何考量呢？首先掌握睡覺和物品的收納空間。雖然每個人教養小孩的方式不同，但是我建議房間內不要設置書桌。在這種條件下，不到3個榻榻米的小房間便足夠。幼兒時期當作收拾玩具的空間，如果可以獨自一個人睡覺時，就將榻榻米床搬移到此空間。隨著年齡增長，將玩具的收納場所變更為放置衣服的櫥櫃。等到孩子上學後再放置書桌，配置成讀書角落。並將此空間當作小孩的學習間，以及全家人的書房。若面積足夠，還能打造成第二個客廳。試著放置稍大的書桌。另外也要注意和客廳及餐廳的關係性。

③兒童房的孕育方法

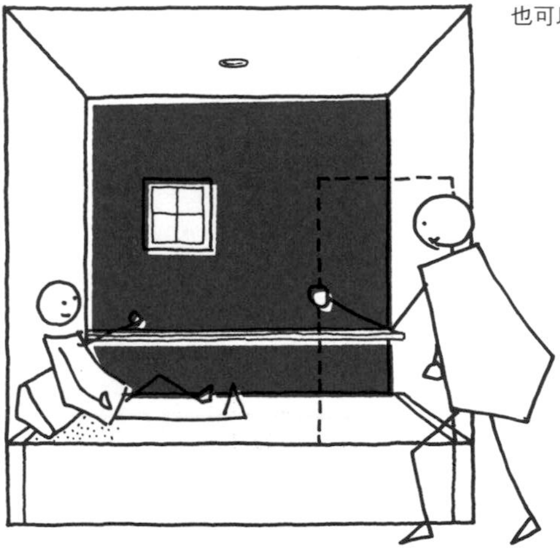

也可以將兒童房視為專屬小孩睡覺的空間

就算養育孩子的理念不同，兒童房最終將會成為不必要的空間。也許兒童房存在的時期意外的短，大概僅有10年左右。因此必須要事先預想將來要如何規劃。大致上可以分成三種可能。

其一是改造成「客房」，第二種是「孝親房」，還有一種則是「夫妻的嗜好間」。

客房，也就是訪客用的房間。雖然最近預想客人來家中投宿的屋主好像越來越少，不過還是可以當作獨立成家後的小孩，回家時投宿的房間。屋主的父母也可以投宿於此。雖然對於小巧的住宅而言，一開始配置出客房會有難度，這時候就能再利用兒童房打造。

另外一個利用方法是孝親房，也就是屋主和其父母的兩代住宅。不論是父母兩人或是只有其中一位，都必須事先設想周全。

還有另一種則是夫妻的嗜好間。孩子成長離家後剩下夫婦兩人生活，因此將空房間改造成嗜好間，也許是個不錯的選擇。當然現階段無法預測將來所擁有的嗜好及興趣。因此到時候再思考也不晚。

兒童房能變化成各式各樣的房間

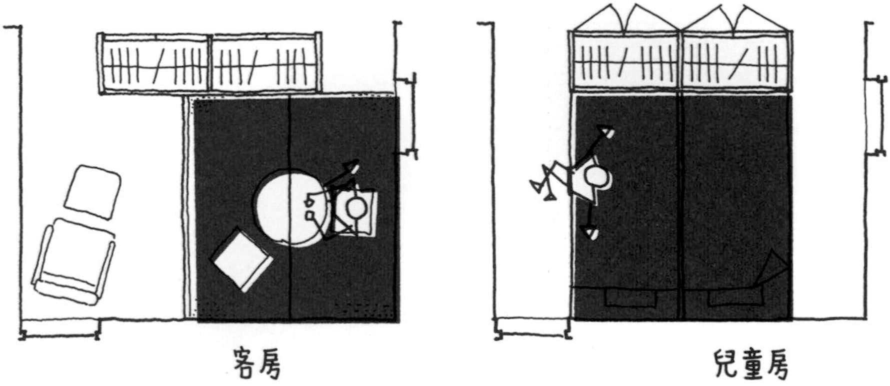

07 收納間的孕育方法

家中的收納空間到底需要多少？

有個調查結果顯示，在透天住宅中，收納空間約為樓板面積的10～15％，不過最重要的其實是質量而非面積。所謂質量，就是在必要的位置設置必要的收納量，而且在必要的時刻能夠隨時取用。

①掌握目前的收納量

有一種令人傷透腦筋的法則。叫做「物品多少是由收納量來決定」。這個法則是說不論打造出多大的收納空間，總有一天還是會裝滿。如果只是放置不管，物品會隨著時間而陸續增加。不注意的話收納空間就會爆滿。所以隨著時光流逝，必須要努力不增

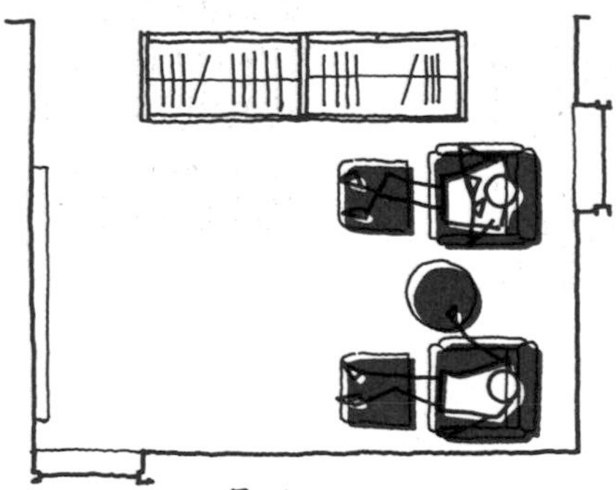

加物品，也要有丟棄的勇氣。

有所謂必要且不可或缺的收納量。不過大小因不同家庭而異，並不是誰能決定的。因此要徹底了解自己家中必要的收納量。首先，從掌握家中目前正確的收納量開始吧！

首先從體積龐大的書籍開始調查。書籍適用公尺來計算。將書籍立起並排時，寬幅為多少公尺。接著還要將書籍依照大小分類。例如文庫本有20m，A4檔案有5m等計算出來。

衣服類如果是掛在衣架上的類型，就用掛衣桿的長度來計算。一個衣架寬度為8㎝，假設有30件衣服，就需要2.4m長度的掛衣桿。而摺疊類的衣服則用抽屜的個數來計算。

同樣的，正確算出碗盤、鞋子，及棉被毛巾類的收納空間也非常重要。計算碗盤類時，一般是算出重疊收納於櫃子中的數量，不過最近也有直立並排於抽屜的收納方式。因此可以將碗盤排列於櫃子中，再算出長度（公尺）。鞋子一雙以20㎝來計算。30雙即為6公尺，鞋子無法像碗盤一樣重疊，所佔體積意外地大。棉被毛巾等織品類如果收納於抽屜時，就計算抽屜的長度，如果是收

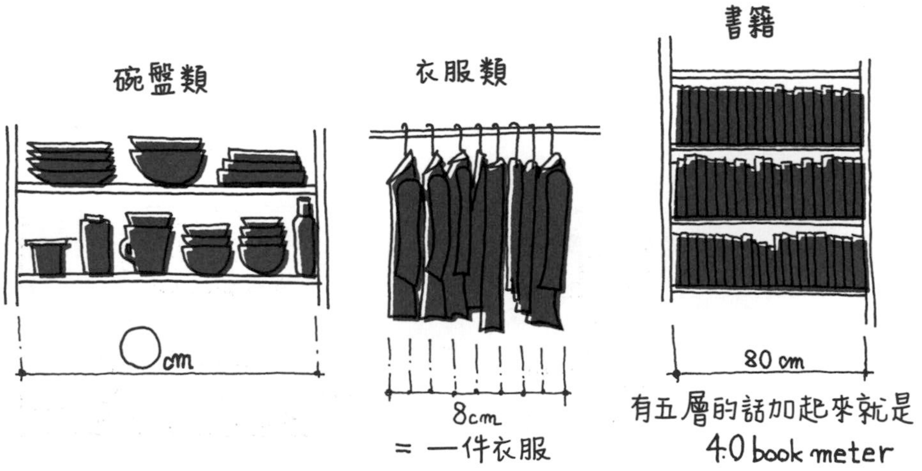

物品量到底有多少……。必須要正確計算出所持有的物品量

納於箱子內，則計算箱子的個數。

②不需要過大的收納空間

雖然許多人都會要求大型的衣帽間，也就是收納間，不過如果是不善於整理歸納的人，通常會無法將收納間整理得井然有序。牆壁設置整面的開放式棚架，並放置整齊美觀的物品裝飾，許多人在雜誌或目錄看到這種設計都會憧憬不已。不過，這種方式雖然收納量足夠，但是位置卻不理想。將所有的物品都集中在同一個地方，並不符合所謂的適才適所。在客廳使用的物品，應該收納於客廳內，廚房物品則收納於廚房，於玄關使用的物品應該放置於玄關。這是基本原則。如果照著這種適才適所的原則來收納，就不需要大型的衣帽間了。

大部分的情況下，步入式的收納間在經過一年之後，通常會變成無法走進的謎樣空間。因此在必要的位置，設置必要的收納量，就是收納的重點。

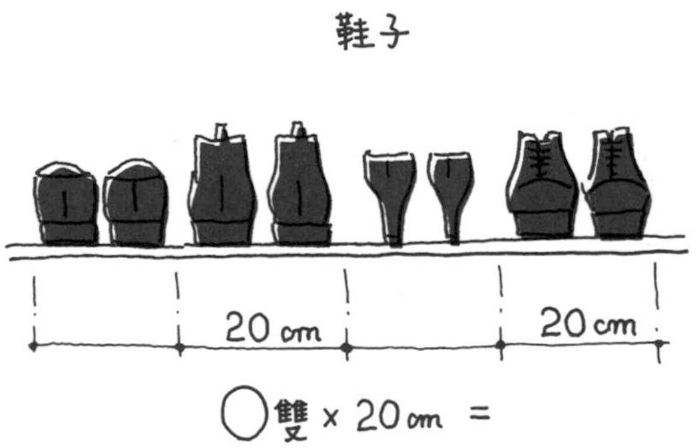

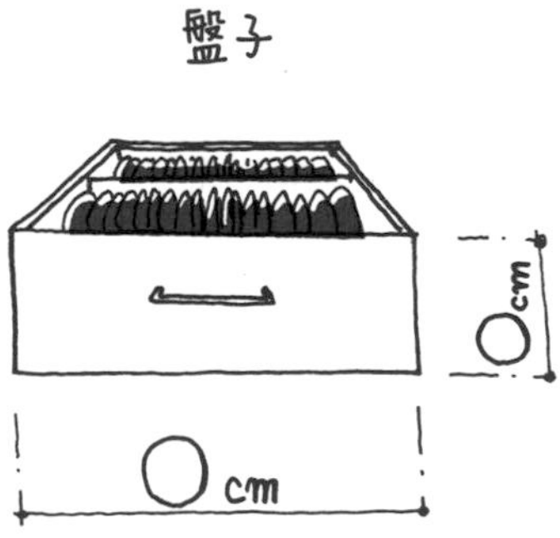

而且衣帽間所浪費的面積非常多。假設打造一個2．25坪大小的衣帽間。在兩側收納櫃的中間，大約要空出0．75坪大小的位置。因此實際的收納量僅有1．5坪大小。也就是說，如果將通道部分設置成收納空間的話，只需要1．5坪大小的面積，就能打造出收納空間。

無法進入的衣帽間

理想中的夢幻衣帽間

比起大型的衣帽間，能夠適才適所正確收納才是最重要的。一旦打造衣帽間後，就很容易堆積各種物品。像是廁所衛生紙的庫存，這些本來應該是要放在廁所中的東西。

③「孕育住宅打造計劃」的收納及孕育方法

孕育住宅的收納原則，雖然是在各空間內設置必要的收納量，不過重點是避免設置過多。因為隨著時光流逝，會發生許多無法預測的事。確保足夠的空間，再靈活運用市售的收納櫃，打造出收納空間即可。

收納的孕育方法最重要的就是DIY。製作收納棚架等，在假日就能親手打造。如果是櫃子中的層板，就算製作的不好看也沒關係，若是習慣之後，還能親手打造出美麗的裝飾棚架。

另外，必須將可見收納及隱藏收納區分清楚。隱藏式收納可以加裝門板遮蓋，不過如果想降低成本的話，一開始也可裝上窗簾就好。

購買喜愛的瓶身來補充！

收納的孕育方式，並不是增加收納量。而是確保將來可以更換收納的方法。

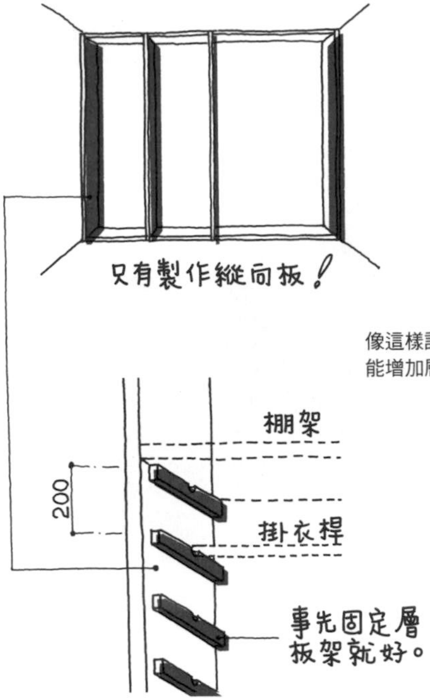

像這樣設計的話，隨時都能增加層板或掛衣桿

分門別類並用窗簾隔開

04 資金的組成

01

到目前為止的住宅計劃構圖

當你想要打造家園時，一開始會先做什麼呢？也許絕大多數的人都會先試算「我可以貸款多少錢？」最近還有只要輸入年收入等項目，就可以馬上算出貸款額度的網站，如果親自到銀行或是公司的諮詢窗口詢問，也能得知準確的金額。自備款有多少、年收大約多少，再加上貸款額度後…便能大略得知建造房子所需要的金額。

看到某個數字我有點驚訝。就是打造房屋時的自備款。根據某個調查，平均金額為970萬日圓。也許是夫妻一起努力存下來的錢，又或是雙方父母資助，這個金額並不算小。到目前為止的住宅打造計劃，都是將自己手中的資金，加上長期房屋貸款組合而成。能夠借貸的金額，原則上是以和自備款的比率，以及屋主過去兩年間的年收來決定。不管怎麼樣只能「在能力所及的範圍

〔罪惡深重的住宅展示中心〕

準備要打造家園時，想必很多人都會去建設公司的住宅展示中心參觀。加上輕鬆以及專為假日全家人服務的氣氛，「要蓋房子的人也太多了吧！」人潮熱鬧到會讓人不禁這樣想。

住宅展示中心的樣品屋塞滿了所有要素。這是為了讓所有人都能找到及滿意理想中的住宅。因此便會出現夢幻般的80坪樓板面積，加上許多不必要的部分，不過這其中仍暗藏著銷售伎倆。看到這些樣品屋的人們，便會認為這就是理想的住宅樣式，雖然無法完全達到樣品屋的規格，但是只要越接近樣品屋，就能擁有理想的家。為了打造出這種可說是物質主義至上的住宅，就會希望可以盡己所能借貸最高金額的貸款。

內貸款」，因此建造住宅時，當然會變成「能建造到哪就到哪」的狀況。

這樣反而會更加侷限住宅的可能性。

02 「孕育住宅打造計劃」的資金＝「我們家的改造基金」

思考住宅打造計劃，也許和寫出一生的傳記是相同的意思。「孕育住宅打造計劃」是根據時光流逝而打造的住宅計劃，所以也必須將金錢放入時間軸考量。

那麼，「孕育住宅打造計劃」到底需要多少資金呢？誠如各位所想，孕育這個行為就是需要花錢。到目前為止的住宅打造計劃，都是只要最初建造完成後，就不需要再做任何事。確切地來說，沒有思考到以後的部分，也可以說是讓你不去考慮將來。而「孕育住宅打造計劃」需要「孕育」，這時候就會花錢。不過，一開始建造的時候成本很低。換句話說，最初並不需要龐大的資

金。也可以說是不能花太多錢。接下來還要慢慢地孕育住宅，因此盡量降低最初的資金，不要過度依賴貸款才是正確的。

將施工費用控制在最低限度，而方法則詳述於下一章當中。保留目前必要的規格樣式，就能將初期的施工費用壓縮至75％，接著再試算貸款。結果是降低每個月的還款金額。而最重要的就是這部分。原本需要支付的貸款和降低的差額，便能當作預備金存起來。也就是說，原本用來支付施工費用，並且需要償還的部分房貸，反而可以變成預備金。用這種方式存起來的資金，就是「我們家的改造基金」，計劃每3～5年就改造一次，便能夠不斷地改造住宅。

在償還房貸的同時，藉由存下來的「我們家的改造基金」，就能夠隨時根據家人的需求，持續量身改造出理想的家。

舉一個範例。

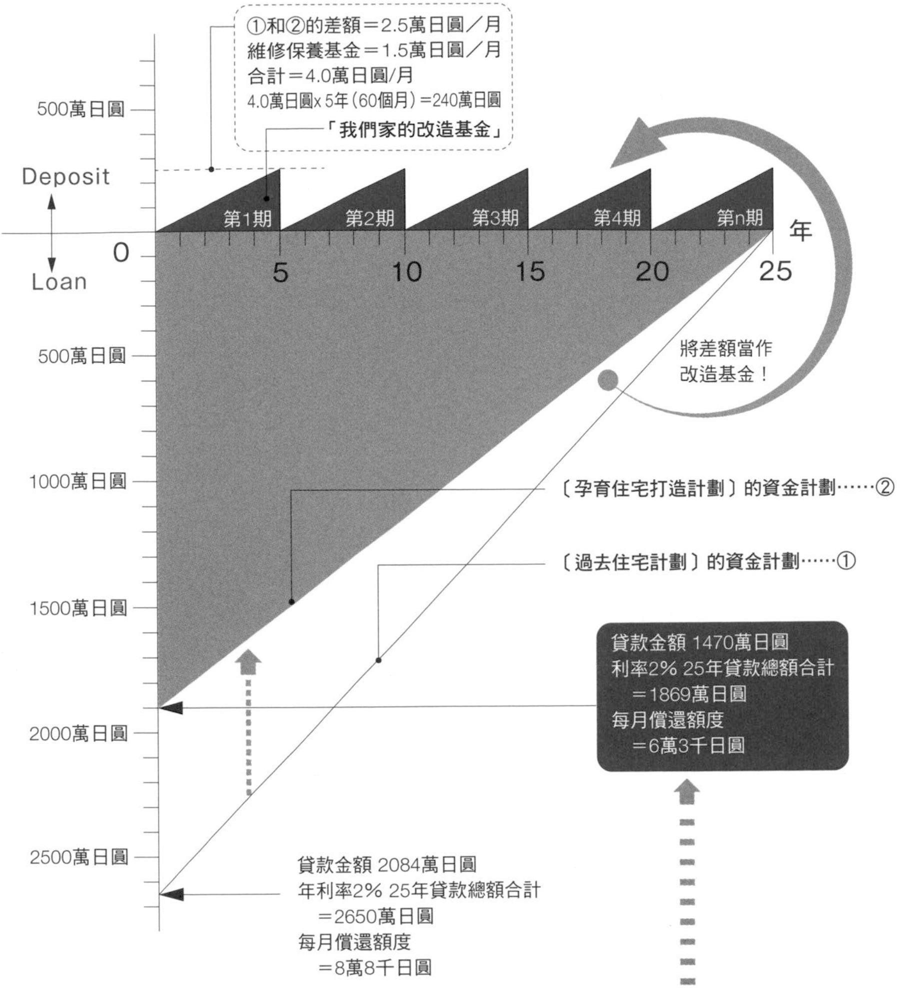

〔過去住宅計劃〕的資金計劃……①

自備款	400萬日圓
貸款	2084萬日圓
合計	2484萬日圓
建築費用	1900萬日圓
設計費	210萬日圓
監工費	60萬日圓
各項經費	130萬日圓
小計	2300萬日圓
消費稅	184萬日圓
合計	2484萬日圓

〔孕育住宅打造計劃〕的資金計劃……②

自備款	400萬日圓
貸款	1470萬日圓
合計	1870萬日圓
建築費用	1400萬日圓
設計費	190萬日圓
監工費	40萬日圓
各項經費	100萬日圓
小計	1730萬日圓
消費稅	140萬日圓
合計	1870萬日圓

※購買土地的人，需要加入土地購買費用

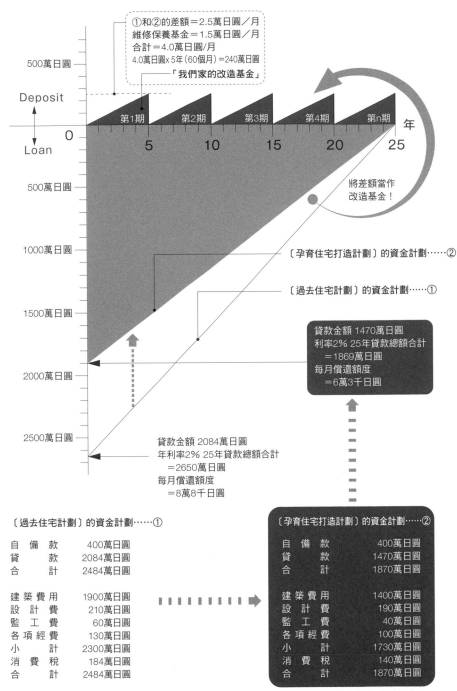

原本是用自備款400萬日圓加上貸款2084萬日圓，合計共2484萬日圓來建造住宅。假設年利率為2%並貸款25年。每個月的還款額度就是8萬8000日圓。而「孕育住宅打造計劃」借款的金額可以壓低到1470萬日圓。加上自備款一共是1870萬日圓。以相同條件貸款，每個月的還款金額就變成6萬3000日圓。兩者相較之下，每個月的差額有2萬5000日圓，再加上不論是哪種方式都會產生的保養維修基金1萬5000日圓後，每個月便能將4萬日圓存入「我們家的改造基金」。根據這種儲蓄方式，每5年就有240萬日圓的資金用來改造住宅。

03 最初應該下重本的場所！後續需維修更新的場所！

房屋的施工費到底需要多少呢？假日版的報紙夾頁廣告中，印著「每坪45萬日圓起的訂製住宅！」這樣斗大的標題。另一方

建造住宅時資金的分配

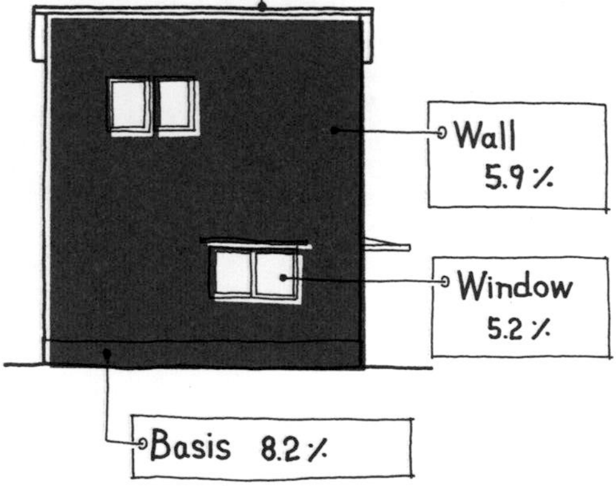

面，在我的事務所設計出的住宅，就算不用高價的材料或奢侈的規格，都不可能出現如此低的價格。

建造住宅時到底會花多少資金？第17頁的比例圖，是在我的事務所中，建造一般低成本住宅時，平均施工費的詳細比例圖。

其實「孕育住宅打造計劃」，可以說是能夠更換資金分配，並且可以自由設定資金運用的模式。設定好最初該將資金花在什麼地方，以及10年後又需要改造什麼地方等，並以客觀的角度理解自己重視的部分，砸下重本。而其他部分則盡量減少花費。對於建築物的強度，以及隔熱、氣密、外觀、固定式家具及廚房等，思考哪個部分應該使用多少經費，以及何時使用等，就是「孕育住宅打造計劃」的基本思考模式。

最初應該將資金投入於哪個部分？其實答案很清楚。就是能夠守護健康與生命的必要部分。另外還有一點很重要，就是將資金投入於之後無法更改的部分。

基礎和結構體必須投入較多的資金。這是為了保護生命安全的必要花費。絕對不能削減經費。全日本不論是哪裡，隨時都可能

〔關於每坪單價〕

每坪單價是表示建造住宅價格的一種方式。表示建造住宅時每一坪的造價，也就是用總施工費除以地板面積（坪數）所得出的單價。於文中提到的每坪45萬日圓，其實是非常令人疑惑的。到底是用什麼總價和面積算出來的呢？大多數的建設公司所標示的每坪單價，幾乎都沒有包含廚房的價格。空調設備、地板暖氣等電器設備，照明器具還有外結構工程，也就是庭院、圍欄、車庫和鋪裝工程等，也都沒有包含在內。刻意不加入這些大筆費用的工程，只是為了讓工程費用看起來比較便宜罷了。而廚房就算不是特別高貴的等級，還有從50萬到200萬日圓不等的差異。這其中有四倍之差。假設是總樓地板面積為30坪的住宅，每坪就差了5萬日圓。同樣地，加上空調設備50萬日圓、地板暖氣60萬日圓，以及外結構工程120萬日圓後，和原本建設公司聲稱的每坪單價相較之下，真正的每坪單價就增加了12.6萬日圓之多。這樣說一點都不誇張。

發生大地震。這是可以未雨綢繆的。必須打造出不論發生多大的地震，都能夠保護生命安全的家。

隔熱和氣密機能也不能輕忽。這將會影響到每一天的冷暖氣費用。如果無法確實提高隔熱及氣密性，不只會增加電費，也會因此產生結露作用。結露很容易造成發霉，黴菌會對人體造成不良影響。便無法提供健康的生活環境。

結構和隔熱氣密性，都難以在建造完成後加以補強。不論是從生命安全的觀點，或是之後施工的難度來思考，以上都是從最初就應該下重本的部分。

04 住宅的維持費用

購買大樓住宅的時候，大樓的管理單位會統一收取修繕基金。根據日本國土交通省發行的「大樓修繕基金指南」中的算式來計

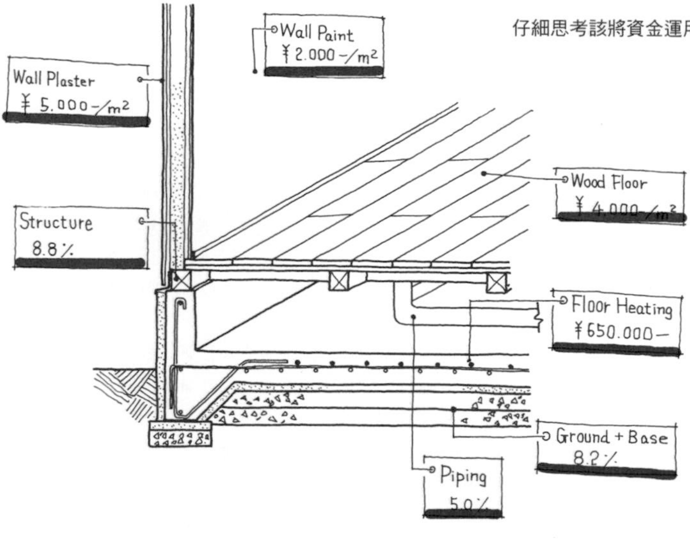

仔細思考該將資金運用於何處

算，在10層樓高、總樓地板面積為８０００㎡的大樓中，購買面積為80㎡的住戶時，平均每個月需要繳交１萬６千日圓的修繕基金。而住宅內部的修繕則要自行負責。大樓的修繕基金只用於共用的部分，自宅部份則要自己另外準備資金，這是購入大樓住宅時，許多人都會忘記的事實。

購買透天住宅時，除了每個月的房貸之外，如果沒有每個月存下固定金額當作修繕基金的話，之後可能會負擔過大。不過大多數的人在住宅建造完成後，便將這件事忘得一乾二淨。

定期維持管理住宅是非常重要的。雖然因建築材料而異，不過大約10年左右，就必須要檢查外牆和防水的部分。順帶一提，防水的保證期間為10年。而設備管線或機器等，建議每15年補修或更換。維持住宅需要花各種經費。因此必須要有計劃性的儲蓄「住宅的維持費用」。如果每個月固定存下2萬日圓，3年存72萬日圓，10年就可以存到２４０萬日圓。雖然因住宅的大小和規格而有所差異，不過現在就要為10年後的修繕費用做好準備。10年後可能會重新塗裝外牆，更換貼皮或防水布，清洗排給水管線，

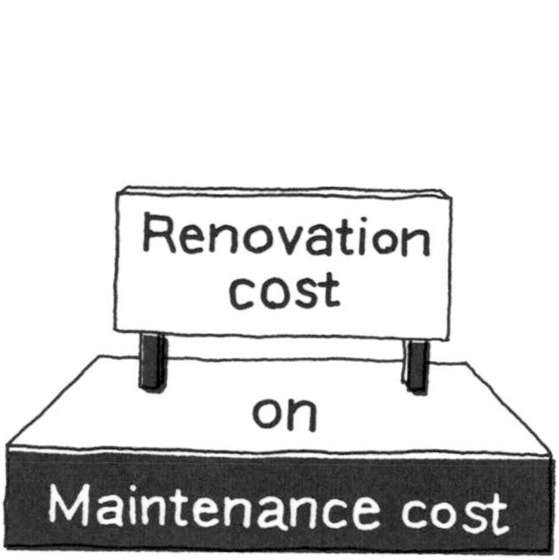

更換設備機器等。

過去的住宅維持費是指「修繕」，也就是被動消極地進行翻修。將劣化或是老化朽壞的部分，恢復成原來樣子的費用，RE＋FORM＝翻修。可以說是為了復原成新房子狀態而花費的資金。

對此，本書提出「孕育住宅打造計劃」中的「我們家的改造基金」，思考方式和過去的住宅維持費用完全不同。

能夠柔軟對應生活中家族結構的變化，生活型態的改變，以及興趣嗜好的改變，改善生活環境的費用，也就是讓家更好更舒適的RE＋INNOVATION＝改造費用。並非「維持原有價值」，而是「提升價值」。兩者的思考方式完全不同。

05 房屋貸款真的好嗎？

到底什麼是房屋貸款？可以說是「為了建造住宅，以極低的利率來長期借款的融資制度」。Flat 35房貸專案，就是用固定的低利率來借款35年的貸款專案。

不過我對這種貸款方式存有疑問。雖然房屋貸款的歷史從１００年前就開始，當初只是部分特權階級能使用的制度。在戰後才迅速普及至一般大眾。尤其是在快速成長期的60年代後，加上企業的終身雇用制為後盾，就算和銀行借款，只要購買不動產，在10年後資產價值都會翻倍增值，所以和銀行借款當然比較划算，反正薪水也逐漸提高，總之先借了再說，當時的社會風氣就是這樣。

當時的政府或企業，都推廣一般上班族擁有自己的家。也就是讓建造住宅的制度更完善。企業可以讓員工以低利率借款的制度。藉此，員工便能輕鬆擁有自己的家，同時也無法輕易辭職，彷彿被公司綁住一樣。這使得日本持續成長，成為世界上的經濟大國。

不過時代不同了。完全是相反的社會。沒有成長的社會，除了終身僱用制度衰微之外，非正式雇用也越來越常見的社會，不動產業毫無起色的社會，以及高齡少子化的社會。在這種社會環境中，因為低利息而揹下高額且長期的房屋貸款，真的恰當嗎？房屋貸款是以個人收入當作償還的資金，一旦沒有收入之後，也就無法償還貸款。而且現在也沒辦法向過去一樣，收入在幾年後會以倍數增加。地價幾乎不再上漲，就算賣掉房屋後，償還剩下的貸款也有困難。

還有最重要的就是現代社會的價值觀，已經不再像過去一樣，終身只效忠一間公司，而是充滿各式各樣價值觀的時代。在漫長的人生中，也許會有想要重新來過的念頭。房貸也許是一種在年輕時就被銬上「腳鐐」、決定將來人生的制度。

「孕育住宅打造計劃」能夠盡量減少房屋貸款金額。因為是「盡可能簡單的住宅樣式」，也能避免被銬上「腳鐐」。再加上隨時保養、維修及改造，因此是一種無損「資產價值」的住宅打造計劃。

05

由「學習」到「共同創造」的過程

01 就算符合「期望」，也無法打造出完美住宅

建造住宅需要極具專門性的高度技能。是一項專業的工作。所以才要找尋值得信賴的建築師，共擬設計契約並提出對於家的期望。建築師則為了實現這些期望而費盡心思設計。為了能夠理解屋主提出的各種期望，建築師會不斷提出問題和提案，屋主所期望的住宅才能逐漸完成。這可以說是正確、理想的住宅設計。

屋主提出的期望列表（當然非書面形式也可以），寫滿了全家人的各種「願望」。希望能那樣，希望可以這樣，但是預算有限……等等，像這樣列出各種想法。全家人各種不同的意見也如實列出。雖然這樣沒有不好，不過如果直接將這個「願望」交給建築師，建築師便會以自己的見解來解讀這些內容。如果建築師解讀正確，就能設計出皆大歡喜的住宅，但是這並不是理想的方

式。也許偶爾能夠打造出令人滿意的家，其實這種情況是少之又少。

在「孕育住宅打造計劃」中，還有個重要的部分。就是居住者也應該和建築師一同參與住宅計劃的過程。

02 將「共同創造」視為「謹慎思考」所呈現出的結果

「共同創造」這種觀點，不曾出現在過去的住宅打造計劃中。不只是居住者單方面的表達自己的「願望」，而是和建築師共同思考，並攜手創造的觀點。對於建築商等將房子蓋好之後再販售的商人而言，住宅打造計劃是商業行為，因此並不會考慮到這些。因為既浪費時間又麻煩。程序過於繁複就無法提高利益。建築師也是，如果將住宅設計視為一種「創作」的話，也不會有這種共創的想法。因為「共同創造」會失去建築師的本體性，而且甚至有損作品的完整性。

如果屋主不自己提出，就無法實踐「共同創造」。

有些半吊子的專家甚至還會說「請交給專業」，或是「外行人不懂的東西太多了」等等⋯。不過這是不對的。家是由充滿個性且主觀的事物組成。家中有可能充滿了他人覺得不可思議，不過在這個家中卻是稀鬆平常的習慣。家必須是個能夠無條件包容這些生活日常的「容器」。首先應該思考的，就是居住者「最重視的部分」。知道並理解「最重視的部分」後，才開始著手設計。

03 從「學習」開始的住宅設計

為了能和建築師開始攜手「共同創造」，居住者首先應從「學習」這個過程開始。也許有人會認為小題大作，或是覺得麻煩，不過若想要打造住宅，就必須自己從「學習」開始。好不容易能夠親手打造住宅。學習各種相關知識後，才能夠充分享受之後打造住宅的樂趣。也可以說是為了找出「對於我們家而言最重視的部分」的首要作業。

①閱讀書本

首先是「閱讀住宅打造的相關書籍」。

只要到書店，就可以找到各式各樣的相關書籍。當然不用研讀到為專家而寫的技術類書籍。舉部分書籍為例。

□格局和住宅機能相關書籍

了解各種住宅格局非常重要。從傳統的格局到前衛創新的格局，仔細觀察將會發現每種格局都有其中的意義存在。

『理想生活居家隔間創意實例圖鑑手冊』（X-Knowledge）

『宮脇檀「格局」圖鑑／瑞昇文化』

『おうちのはなし（暫譯：關於住宅的二三事）』（石川新治著／經濟

嘗試閱讀相關書籍

界）

□與家庭結構和養育小孩相關的住宅設計書籍

可以了解養育小孩的思考方式，與空間設計方式之間的關係。

『家をつくって子を失う（暫譯：擁有家園卻失去孩子）』（松田妙子著／住宅產業研修財團）

『変わる家族と変わる住まい（奇怪的家族和奇怪的住宅）』（篠原聰子／大橋壽美子／小泉雅生共著／Life Style研究會編著）

『家族を容れるハコ　家族を超えるハコ（暫譯：包容家族的箱子　超越家族的箱子）』（上野千鶴子著／平凡社）

□生活方式和人生的相關書籍

可以了解生活方式和住宅樣式的關係。

『やさしさの住居学——老後に備える１００のヒント（暫譯：貼心居家學——為年老準備的１００個提示）』（清家清著／情報中心出版局）

『「家をつくる」ということ——後悔しない家づくりと家族関係の本（暫譯：「打造住宅」這回事——不後悔的住宅設計與家族關係）』（藤原智美著／President社）

□住宅設計組成的相關書籍

學習住宅設計的相關社會背景。

『「住宅」という考え方——20世紀的住宅の系譜（「住宅」的思考方式——20世紀的住宅族譜）』（松村秀一著／東京大學出版會）

『資産になる家・負債になる家（暫譯：成為資產的家・淪為負債的家）』（南雄三著／建築技術）

□金錢相關書籍

深入理解如何聰明貸款，以及稅金等各種金錢相關書籍。

『家づくりのお金の話がぜんぶわかる本2015-2016（暫譯：了解住宅打造的所有金錢相關問題2015-2016）』（田方三木著／X-Knowledge）

□環保節能相關書籍

學習如何打造出節能住宅。

『エアコン1台で心地よい家をつくる方法（暫譯：用一台空調打造出舒適的家）』（西郷徹也著／X-Knowledge）

『蓋一間超讚綠住宅／瑞昇』（野池政宏、米谷良章著）

□建築材料及DIY的相關書籍

建造房屋時會使用哪些材料，自己也能親手製作的部分等，了解各種建造住宅的方式。

『使える！内外装材〔活用〕シート2014－2015（暫譯：室內外裝潢材的活用大全2014－2015）』（大家的建材俱樂部著／X-Knowledge）

『プロのスゴ技でつくる楽々DIYインテリア（暫譯：用職人的技巧輕鬆DIY裝潢）』（古川泰司著／X-Knowledge）

如果不事先吸收相關知識就開始打造住宅，將會非常的可惜。只是把自己的「願望」傳達給建築師，並處於被動的狀態下，便會失去許多打造住宅的樂趣。

②參加研習會

接著是「參加研習會」。雖然是比閱讀書籍更高難度的過程，不過也有許多地方，會舉辦以一般民眾為對象的住宅設計研習會。從貸款方式、節能住宅的建造方式、如何打造出方便好用的廚房，或是如何設計聰明收納空間等，只要繳交合理的費用，就能學習到豐富有用的知識。另外能聽到像是專家的心聲或是內幕等，書籍中不會提到的部分，也是研習會的魅力之處。和其他參加者觀摩互動，也是樂趣所在。

在我的工作室中，以「住宅設計Cafe」為名舉辦各式各樣的研習會。像是「實現夢想的土地，無法實現夢想的土地」、「改造房屋的ABC」、「既非新建也非改造的住宅設計方法」等，每次都是有趣且實用的不同主題。之後還預定舉辦「如何打造舒適的廚房」、「利用照明設計打造不同的空間氛圍」等主題的研習會。

③和建築師對話

接著最後是「和建築師對話」。也就是訪問建築師，當然難度又更高。像是書籍的作者、研習會的演講者、或是在雜誌及網路等找到的建築師等，試著去訪問在學習的過程中，和自己想法相似的建築師。然後試著向他們提問。將自己的想法告訴對方，那位建築師就能夠知道你對於住宅設計的態度。

以上就是「學習」的過程。

住宅設計研習會是學習與探討的地方

試著「提問」及「表達」關於住宅設計

04 住宅展示中心的原罪

許多想要建造家園的人，在最初都會走訪一個地方。就是住宅展示中心。雖然說「百聞不如一見」，不過只要看到這些展示住宅，對於住宅設計的想法一定會蒙上一層烏雲。光是雙眼所見的情報，就會造成非常大的影響。住宅展示中心

展出的房子，大多是80坪前後、有如豪宅般的樣品屋。面積是一般住宅的好幾倍之多。業務員站在寬敞的玄關，笑臉迎人的招待參觀客人。室內的每個地方都如此寬敞耀人。這裡是由不同建設公司展示自家的樣品屋，為了強調自家優點提高競爭力，也因此展示出來的樣品屋會很不切實際。樣品屋看起來豪華美觀。在寬敞的空間內擺飾著高級家具。於是，大腦就會將這種樣式當作「理想的家」牢牢記下。自己需要哪種類型的住宅、什麼才是自己「重視的部分」，在思考這些之前，就已經將「理想的家」固

華麗演出的住宅展示中心

定框架，這就是住宅展示中心的原罪。

05 所謂「共同創造」這種文化

要說住宅設計的理想，我想就是「親手建造」。甚至居住者自己設計、並進行施工。不怕麻煩、埋頭努力親手建造出家園，這種住宅設計方式就是「終極的理想」。不過這是不可能而且無法辦到的。不但沒有這麼多閒暇時間，知識和技術也不夠。因此建造住宅時必須要委託他人。

首先是找尋建築師。可以翻閱建築師的「過去作品」，來判斷是否與自己的品味相符，不過只看結果並不夠。而且有點危險。看到實際的住宅案例，並且了解建築師所說、所寫的理念。如果這些都能達成共識的話，代表這位建築師值得依賴委託。

為什麼會設計出這種格局、為什麼會是這種形狀和顏色、為什

住宅打造計劃是一種文化

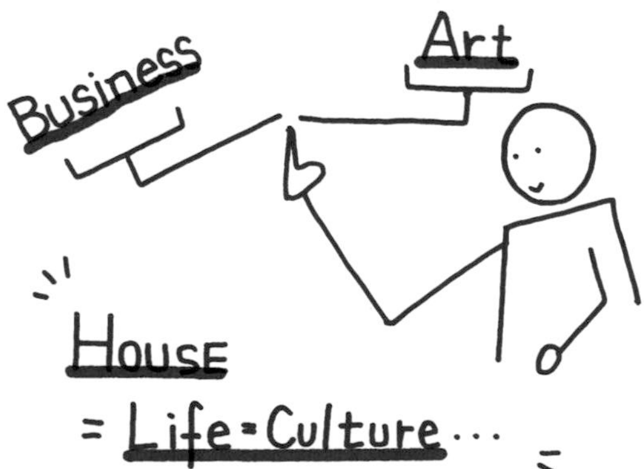

麼選用這種材質等。這些是潛在於住宅設計的過程中，並由居住者和建築師「共同創造」的成果。並非透過建築師的個人喜好來選擇，而是和居住者互相理解決定的結果。此外，不論再怎麼完美出色的作品，也不一定能滿足居住者的需求。

我認為建造住宅是一種「文化」。以這種觀點來思考的話，也許就能理解「共同創造」這種想法。既不會過於「商業化」，也不會落於「作品的表現」。

「孕育住宅打造計劃」在設計的初期階段中，非常重視共同創造的過程。在過程中將每天的日常生活，撰寫成故事。並且共同構思出藍圖。互相理解「居住者重視的部分」。用文字或圖畫統整出來。接著再一起描繪出格局圖。居住者也可以自己製作出模型。不只是由建築師提案，居住者也會思考，並試著將想法構築成型。不只是整理出「期望列表」，還要試著想出解決方案，並和建築師共同思考，這些都是非常重要的部分。

06

不過度依賴的住宅打造計劃

TRY TO MAKE IT !

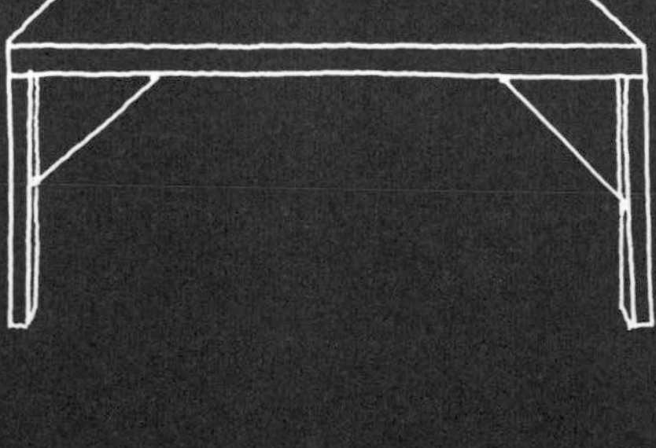

01

「輕鬆」和「有趣」是反義詞

過去在泡沫經濟時代，有一種稱為「全包（full turnkey）」的系統。意思是只要轉一下鑰匙馬上就能使用，客人不需要做任何事情，只要等待完工後就能立刻使用的系統，果然不負泡沫時代之名。不過現在也有類似的系統，像是在大學醫院值勤的年輕醫生要開私人診所時，就會使用類似的方式。從選擇診所的地區、物色不動產物件、興建診所、提供醫療設備、安排診所員工，甚至到開業後的各種服務，都由業者一手包辦。

建設公司的住宅打造方式，就將類似這種一手包辦的系統，視為理想的住宅建造方式。客戶首先在住宅展示中心參觀已完成的家，接著在初期階段，就一口氣簽下從設計到施工的契約。建設公司在那之後，從室內設計，以及家具、窗簾的採購，到景觀造園，都是交給關係企業來完成以提升利益（也會因不同建設公司而有所差異）。工務店也是，事業規模稍微擴大橫，就會將建設公司的模式當作理想目標。將建造住宅相關的所有過程，都串聯成商業化的事業體系。

先撇開成本的問題，對於居住者而言，也許表面上看起來既理想又「輕鬆」。不過卻有一個很大的陷阱。就是開始入住新房後，幾乎不會進行任何維護保養。幾乎沒有參與到住宅打造的過程，當然也沒有準備相關的住宅知識，所以也不會知道如何保養維修。這棟房屋從入住後最完整的狀態，到最後只能走向不斷劣化損壞之途。

家並不能適用於「全包系統」。「輕鬆」並不等於「有趣」。在住宅設計中，甚至可將兩者視為反義詞。

輕鬆…Easy

≠

有趣…Happy

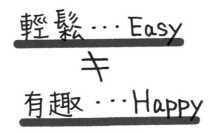

02

「自己也能完成！」的部分比想像的還多

建造住宅，尤其像是施工的部分，很容易讓人覺得是個專業的世界，其實不然。只要到書店，就會發現假日木工等DIY的相關書籍，多到佔滿整個角落。加上近年來DIY材料居家中心的普及，材料種類多到甚至能蓋起一棟房屋。因為是自己的家，就算無法達到專業的程度，也能感到滿足。並成為回憶，小心翼翼的珍惜。還能當作將來的維修保養練習。

施工期間會有許多專業職人們進出。這是最好的機會。每天都有不同的專業師傅，在家中的施工現場進行工程。就好像老師隨時在側。

屋主可以將自己也能夠參與的部分，試著列成一張表。（為了職人們的名譽特別註記。在這裡列舉出的項目，絕非意指簡單輕鬆）

【貼磁磚】
如果是室內地板等，用黏接劑貼附的工法，就有可能親自參與

【塗裝】
油灰處理等基礎部分交給專業師傅，表層塗裝可以嘗試參與完成。塗裝所有部分具有難度，試著參與部分塗裝即可。

【鋪設地板】
夠熟悉靈巧的話也許能參與施工

【泥作粉刷】
雖然比表面塗裝困難，不過專業師傅在旁輔助的話便能動手嘗試。

【製作家具】

雖然需要專門的工具，但是非常有成就感。

【製作棚架】

雖然需要電鑽工具，不過請務必挑戰看看。

【製作照明燈具】

雖然配線工程需要專門資格，不過可以製作裝飾燈具等也很有趣。

【種植樹木】

雖然看似簡單，不過像是挖土等，是個需要體力的工程。建議找人一起幫忙。

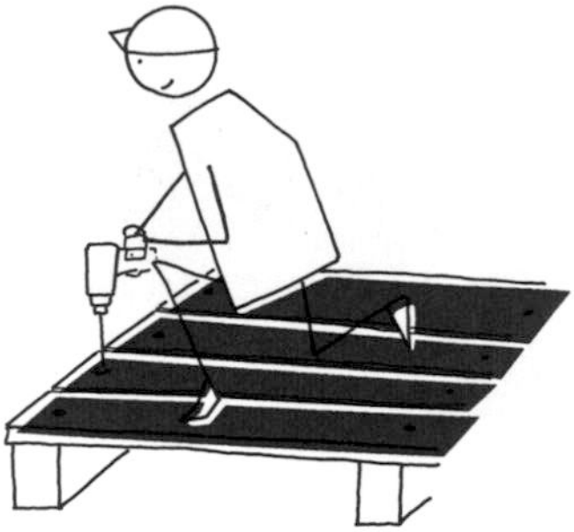

【製作甲板露台】

可以在木工DIY材料賣場購買木材，或是跟工務店訂購材料，也可以從網路上購買露台用的木板。

03 挑戰分開委託

除此之外，就算自己製作會有難度，也不要完全交給同一間工務店，可以試著自己分開來委託。像是假設想用舊木材來裝潢的話，就可以直接從舊木材店購買材料，再另外委託製作成家具。也可以藉由網路，或是實際走訪古董商店，找尋自己喜愛的門把等，都是參與住宅設計的方式。

不過，也有些工務店不太能接受這種模式。因為不是所有的工務店，都同時擁有從事木工、塗裝及設備的專門人員。就算是小型的木造住宅，也需要10種類型以上的專業師傅。而工務店必須提供專業師傅們穩定的工作來源，再某種意義上就是要養這些師傅。而最近非正式雇用的契約員工已成為趨勢。將木材的部分完全交給木工，塗裝則交給塗裝師傅執行，兩者間有著緊密的信賴關係。在這種模式中，如果屋主或是建築師要求的材料，並非透過工務店的管道購買，就會使對方不快，或是提高報價等。

就算如此，有如前文所述，試著親自走訪舊材業者選購木材，並且嘗試委託製作，雖然過程不「輕鬆」，不過一定能成為「有趣」的住宅建造工程。如果是優良的工務店，就算將部分工程獨立出來，不將所有工程委託同一間工務店，想必對方也能理解你的用心，並樂意協助你打造出理想的家。

廚房是適合分開委託的部分。在「孕育住宅打造計劃」中，建議使用量身訂製的獨創廚房。可以自己訂製不鏽鋼天板的厚度。瓦斯爐和水龍頭等，也可以自己找尋喜愛的樣式並購入，只要委託師傅來安裝施工即可。

有如前文所提，過去的工務店不喜歡只委託部分工程的模式。如果不委託整棟房屋的工程，就不能算是筆好生意。雖然現在還是有相同想法的工務店，不過委託部分工程的模式，和以前相較之下更加普遍。因為現在已經是屋主從網路上，就能購買全世界商品的時代。因此沒有必要將所有工程，都委託同一間工務店。跟上時代潮流的工務店，還將這種模式視為一種趨勢，樂意接受委託。

04 將「時間」視為好夥伴

到目前為止本書所論述的都是「孕育住宅打造計劃」。沒有必要急忙完成。

居住者的生活繁忙，在思考能不能親手動手製作之前，時間是個現實的問題。不過只要能改變想法就足夠。因為是「孕育住宅打造計劃」，所以沒有急於完成的理由。雖然需要家人的同意和協助，不過只要不急著完成，也許大部分的工程都是可以做到的。

確實完成「容器」的部分。能夠耐風雪、確實保護其中的人，

不論四季都能舒適生活的「容器」。另一方面，「內裝」就算有些尚未完成也沒關係，在孕育的同時慢慢打造，和時間做朋友，於日常生活中漸漸地、持續不斷地製作改造，我想這就是幸福生活的姿態。

07

「孕育住宅打造計劃」的個案學習

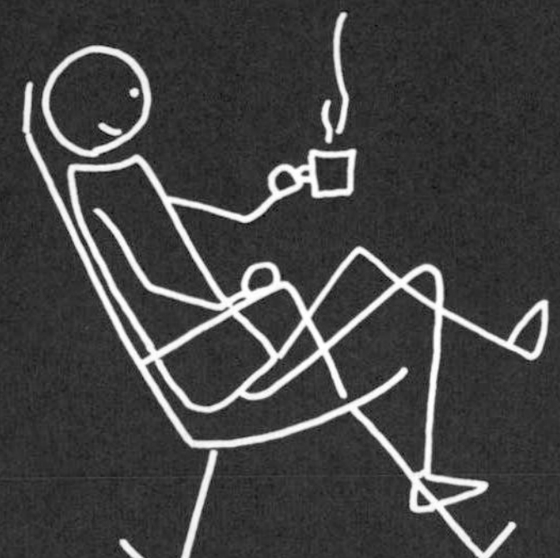

01

「容器」形狀的個案學習

「孕育住宅打造計劃」的住宅樣式並沒有固定的標準。是根據基地形狀、屋主的需求、預算等，打造出各式各樣的計劃。最重要的並不是房屋的形狀，而是「居住的同時慢慢孕育」這種思考方式以及理念打造出住宅。而本章則根據此理念，說明「孕育住宅打造計劃」的住宅樣式。也就是第0到6章所論述「孕育住宅打造計劃」的具體案例。首先是第一步，也就是最初的「容器」提案。接著也請看10年後，以及20年後的房屋樣式。藉此參考住宅該如何孕育。

①本身條件

□土地的條件

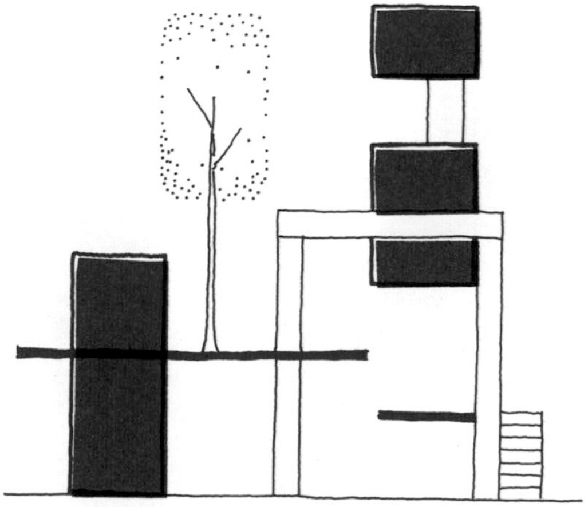

如第2章所述，必須要確實掌握土地的本身條件，並確保100年後都能擁有舒適的住宅環境。在本章中，以標準的土地為例，提出「容器」的樣式範例。並且以常見的標準土地，說明「孕育住宅打造計劃」的方法。

假設有一大小為8．5m×11．5m＝97．75㎡（29．57坪）的平坦土地。道路位於西側，是很常見的住宅地。

□家族結構

假設是30歲世代的夫妻和3歲小孩組成的3人家庭。

□預算

如第4章所述，假設「容器」價格為1400萬日圓。

②結構的條件

〔柱與樑〕

用經過JAS強度分級的結構用集成材，打造出木結構的樑柱。使用強度定量化（強度可用數值表示）的集成材，才能在一

※什麼是結構用集成材？
以耐力為目的，將等級區分後的薄木板（laminar）層疊黏接而成的木材。斷面大小是根據必要的耐力決定，另外也擁有安定的強度性能，強度足以用在大規模建築中。從製造方法到產品強度，都由JAS（日本農林規格）詳細規定。

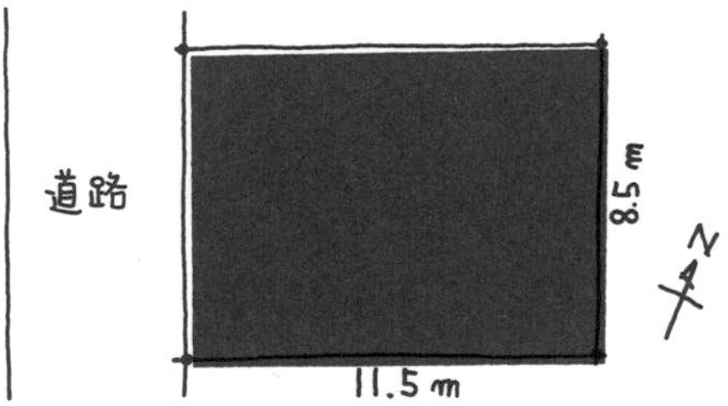

假設為標準的基地

開始就進行正確的結構計算。一般使用的實木材為天然材料，就算是相同的樹種，強度也會有所差異。因此就算經過嚴謹的結構計算，實際上使用的樑柱，和計算時使用的強度相較之下，會無法得知與實際的強度差異多少。因此為了安全起見，經常會選擇比計算出的數值還大的材料尺寸。雖然追求結構計算的精確性，在這部分卻曖昧不明，那麼就失去結構計算原有的意義了。

在「孕育住宅打造計劃」中，也許將來會想在牆壁裝設新的窗戶。也有可能鋪設地板或是拆除地板等。就算將來如此多變，只要確實進行結構計算，並依照數值建造住宅的話，不論幾年後都能正確判斷是否能進行施工。若以長久居住並孕育住宅為前提，打造出能清楚判斷的結構＝「容器」，是非常重要的。

【接合部】

對於木造建築而言，木柱和基礎，以及樑柱之間的接合處，是確保住宅強度的重要部分。應用於神社及寺廟等傳統的接合方式，有搭接（仕口）和對接（繼口）兩種，雖然這種方式高雅俐

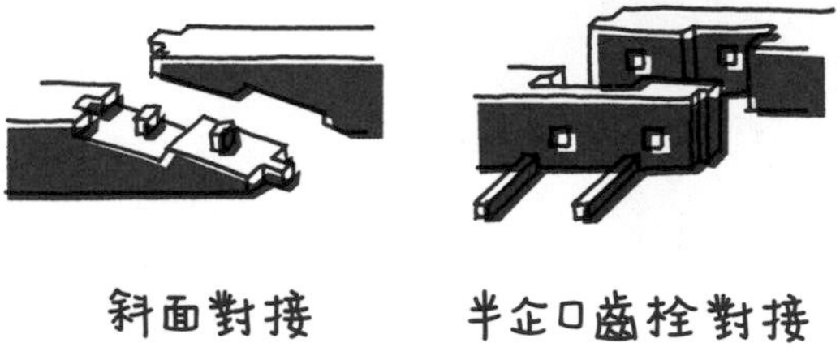

神社寺廟專門木工的傳統對接方式

落，不過這種高難度的技術，僅限於神社寺廟的專業木工，一般在設計木造建築時，並不會使用如此困難的技術。另外，現在許多住宅使用的木材，其搭接和對接的部位，大多是由機械加工預製簡化而成。只用這種接合來確保強度是不夠的，因此要再另外固定五金補強。

打造「孕育住宅打造計劃」的「容器」時，用JIS（日本工業規格）強度規格的接合五金，代替搭接口以維持強度。所使用的五金並非補強用五金，而是接合部材專用的五金，才能以準確的強度進行施工。

〔基礎〕

基礎採用的是「筏式基礎」結構。整個底部為鋼筋水泥土間，是能夠將建築物的重量或地震等力能，直接傳遞至地面的堅固基礎。而「孕育住宅打造計劃」則是將這個土間，直接當作室內的地板使用，並根據必要埋設地板暖氣。

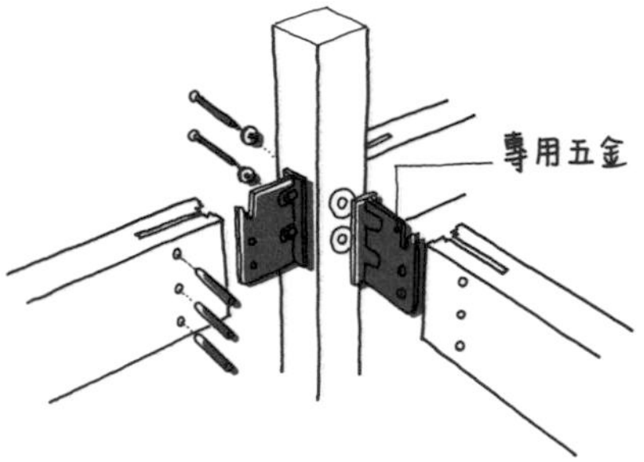

五金工法的代表範例
＝SE工法

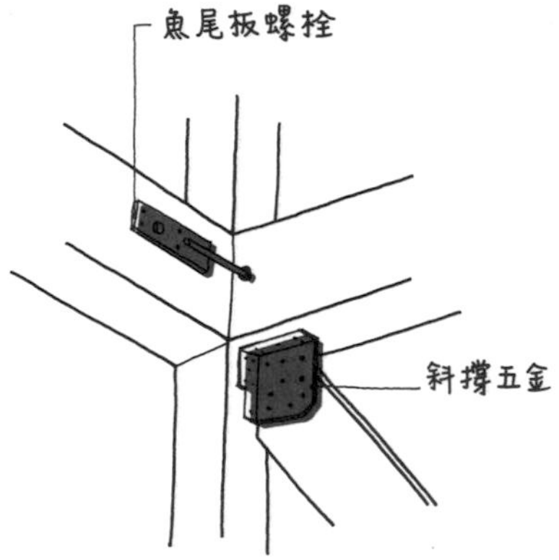

藉由五金來補強預製工法
一般的樑柱構架式工法

③「容器」的形狀

1820㎜（6尺）×3柱間隔（span），2730㎜（9尺）×3柱間隔（span），一樓面積為13.5坪，配置客廳、餐廳、廚房和衛浴空間（162頁）。二樓則是臥室和收納的7.5坪空間（163頁），其他皆為從一樓挑高的空間，因此沒有樓板。以最小限度的尺寸，構成簡單的兩層樓四方形，並以此形狀當作「容器」的基本架構。屋頂以能夠強調簡約外觀，兼具機能的單斜面設計為基本，不過結構本身可以自由變換屋頂造型，因此建地受限於高度法規時，可以更換成三角形屋頂等其他設計。

1 玄關

在初期階段的「容器」中，沒有配置獨立的玄關。打開玄關門後餐廳和客廳迎面而來。將鞋櫃放在地板上不固定，方便隨時移動。

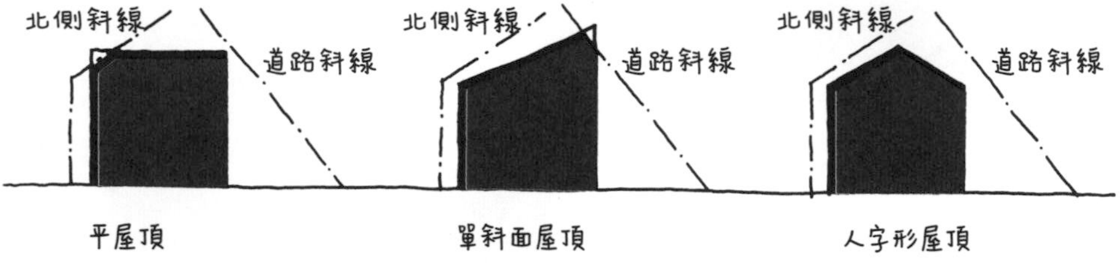

由建築法規的「高度限制」來決定屋頂形狀

2 水泥地板的LDK

在「容器」初期階段中，LDK皆為水泥土間地板，是「孕育住宅打造計劃」的最大特徵。於水泥地板表面進行塗裝，發揮水泥本身的質感。鋪設水泥畢竟是個手工作業，表面多少都會有鏝刀留下的痕跡、施工中造成的小損傷，或是水分蒸散時產生的細紋等，使用透明塗裝刻意不遮蓋這些痕跡，享受有如石材表面般的自然效果。原則上會埋設地板暖氣，因此就算光著腳，一整年都能擁有舒適的生活。

3 廚房和餐廳

廚房建議打造出直接和水泥地板連接的開放式設計。並推薦設置簡約的原創廚房。用椴木的木芯板製作出箱型，並於上方加上與水槽一體成形的不鏽鋼流理台。於流理台周圍加裝2公分高的防水邊條，因此整個流理台面都可以沖水洗淨。如此一來大魚就能整尾處理。也不用擔心粉類料理灑的到處都是，打掃更加方便。有如下圖所示，可設置兩座相同的水龍頭，將冷熱水分開。

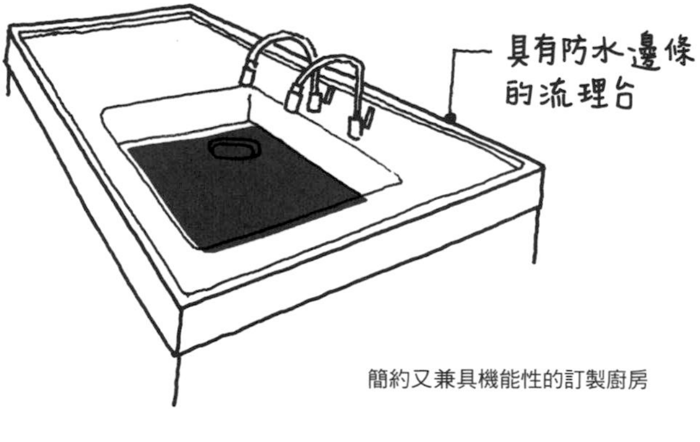

簡約又兼具機能性的訂製廚房

1F

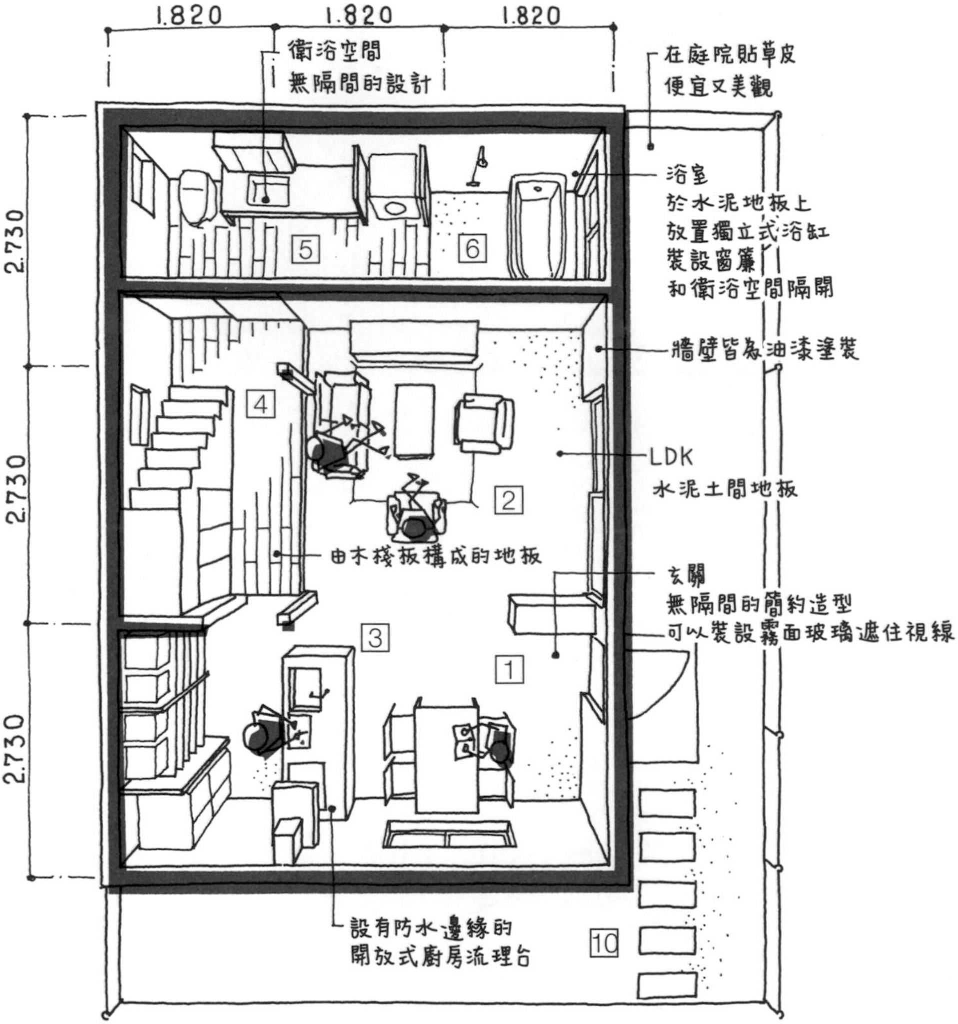

1.820
1.820
1.820
2.730
2.730
2.730
衛浴空間
無隔間的設計
在庭院貼草皮
便宜又美觀
浴室
於水泥地板上
放置獨立式浴缸
裝設窗簾
和衛浴空間隔開
牆壁皆為油漆塗裝
LDK
水泥土間地板
由木棧板構成的地板
玄關
無隔間的簡約造型
可以裝設霧面玻璃遮住視線
設有防水邊緣的
開放式廚房流理台
1
2
3
4
5
6
10

Start
最初的「容器」形狀

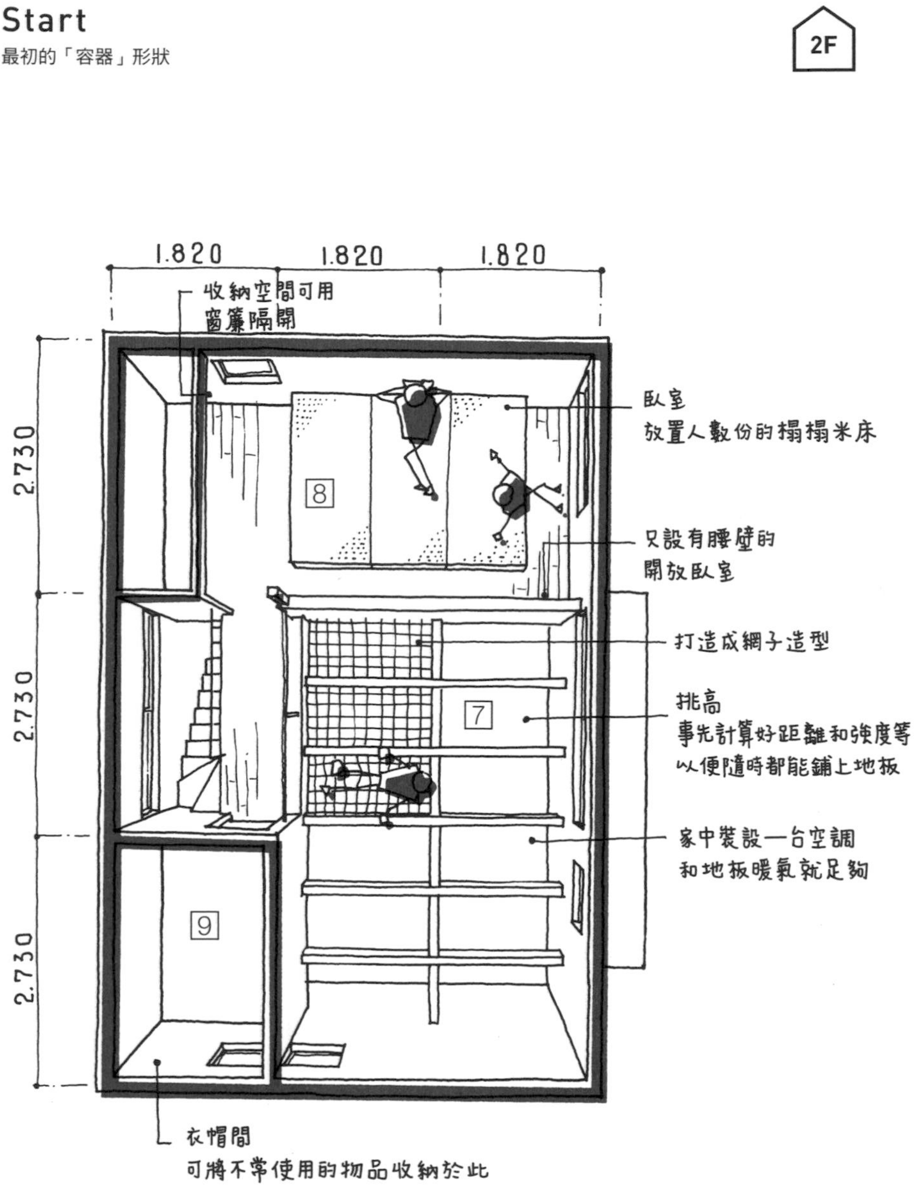
2F
1.820
1.820
1.820
2.730
2.730
2.730
收納空間可用
窗簾隔開
臥室
放置人數份的榻榻米床
8
只設有腰壁的
開放臥室
打造成網子造型
7
挑高
事先計算好距離和強度等
以便隨時都能鋪上地板
家中裝設一台空調
和地板暖氣就足夠
9
衣帽間
可將不常使用的物品收納於此

雖然不是價格較高的混和式水龍頭，不過用慣之後其實很方便。還能裝上噴霧轉接頭，價格也非常低廉。為了方便將來變更廚房設計，因此在基礎下方事先裝設兩處給排水管線。

餐桌建議用平行拼貼的集成材製作，兼具低成本及耐用特性。表面上蠟以增加耐用性。

4 架高地板和樓梯

在水泥地板架高的地板部分，鋪上一層實木的地板材。可選用市售的實木地板，厚度足夠的木棧板也不錯（65頁）。使用厚度35mm的杉木實木板，雖然多少會出現曲翹等情況，不過這樣才能感受到木材的溫潤質感。通往二樓樓梯的下方為收納空間。可以用來放置吸塵器等打掃用具。

5 衛浴空間

衛浴空間是擁有洗臉台、更衣間、洗衣機及廁所構成的多機能空間。雖然也可以將廁所隔開，不過並不急於現在。不會為目前

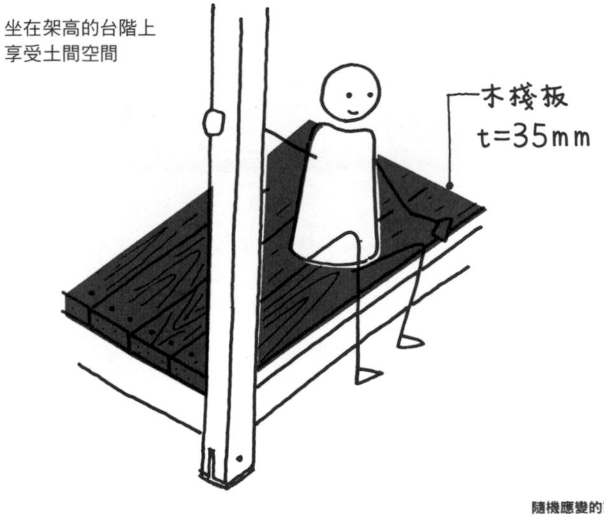

的生活帶來不便，孩子還小的時候反而比較安心。地板則是建議使用杉木的木棧板。

6 浴室

和客廳的水泥土間地板一樣，浴室也採用結構體的水泥地板。若擔心腳底冰冷，可以鋪上一層木棧板。或是和客廳一樣，於最初的階段埋設地板暖氣，也是可行的方式。

浴缸選用獨立式的類型。考量到經濟性、實用性及整體感，建議選擇簡約的西式造型。

7 挑高

偌大的挑高是經過結構計算而設置，方便將來鋪設地板，窗戶也裝設於適當的位置。另外還要考慮到將來改造成房間時，照明及插座的位置。

8 臥室

在臥室放置全家人數份的榻榻米床。假設家庭成員是夫婦加上年幼的小孩，在初期放置三張榻榻米床即可。將三張床並排或是分開，隨時都可以變換位置與方向。榻榻米床的中間可當作收納空間。可以在榻榻米床上鋪棉被，當作一般的床鋪使用；如果有每天摺疊收納棉被的習慣，便能騰出一個有如架高榻榻米般的小空間。另外也可以這裡摺衣服或燙衣服等，有效利用空間。

9 衣帽間

打造出大約1．5坪大小的衣帽間。主要用來收納平常較少使用的物品。

10 室外空間

要在鄰地界線上設置圍牆時，雖然需要和鄰居事先討論，不過在初期階段建議用最簡單的方式來設置。可以在入住之後和鄰居討論，並慢慢增加。走道上可以鋪設石板，而走道以外的部分則貼上草皮就好，便宜又美觀。

④室外裝潢及開口部

標準的外牆是於砂漿表層噴塗彈性塗料。在砂漿表層施作灰泥或是珪藻土等泥作塗裝，也是可行的方法之一，不過成本會因此而增加。另外也有素面的窯業系外牆板，或是耐用性極佳的金屬外牆板等選擇，不過仍以兼具美感及低成本的彈性塗料塗裝為優先選擇。

窗戶部分預設基地位於防火區內，因此採用有防火機能的鋁窗，並搭配符合節能標準的雙層玻璃。玄關門也同樣預設基地位於防火區內，選用特製的鋼製大門，可自由選擇想要的顏色。若沒有防火區限制，也可以選擇訂做的木製大門。

⑤室內裝潢

貼上石膏板後，於表面進行塗裝。塗裝可以試著DIY親手施工。網狀織布和油灰加強基底比較困難，這部分可以委託專門師

簡約又兼具美感的外觀

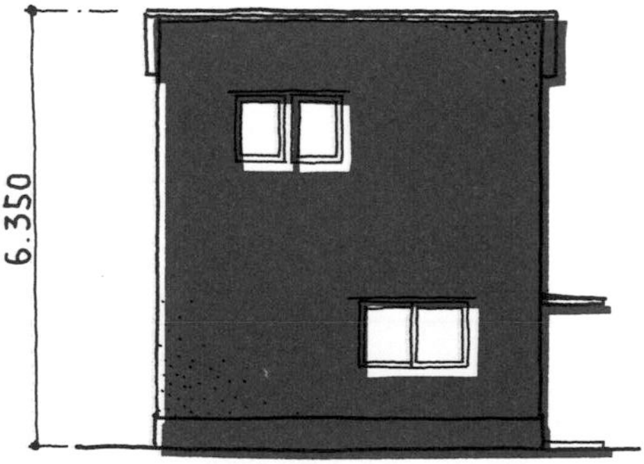

傳。塗裝的魅力在於可以自由選顏色。打造出適合自己、充滿魅力的「容器」。還有將來重新塗裝時，也非常輕鬆簡單。

另外也可以選擇貼椴木合板。在石膏板表面貼上厚5．5㎜的合板。如果不受限於防火區的規範時，可以省略石膏板，並直接貼上椴木合板。再塗上亮光漆（varnish）以呈現木頭質感，或是直接遮蓋木紋的塗裝等，都是石膏板無法呈現出的效果。

⑥溫熱環境

〔隔熱〕

隔熱材選用現場發泡的硬質聚氨酯發泡板。所謂現場發泡隔熱材，是指在施工現場中，直接將隔熱材噴塗於牆面上，藉由發泡膨脹，使隔熱材能緊密無空隙地貼合結構體，是非常理想的隔熱材。這種方式可根據節能基準，再依照每個地區要求的隔熱厚度噴塗。而東京的標準為牆壁80㎜，天花板則需要噴塗160㎜以上的厚度。

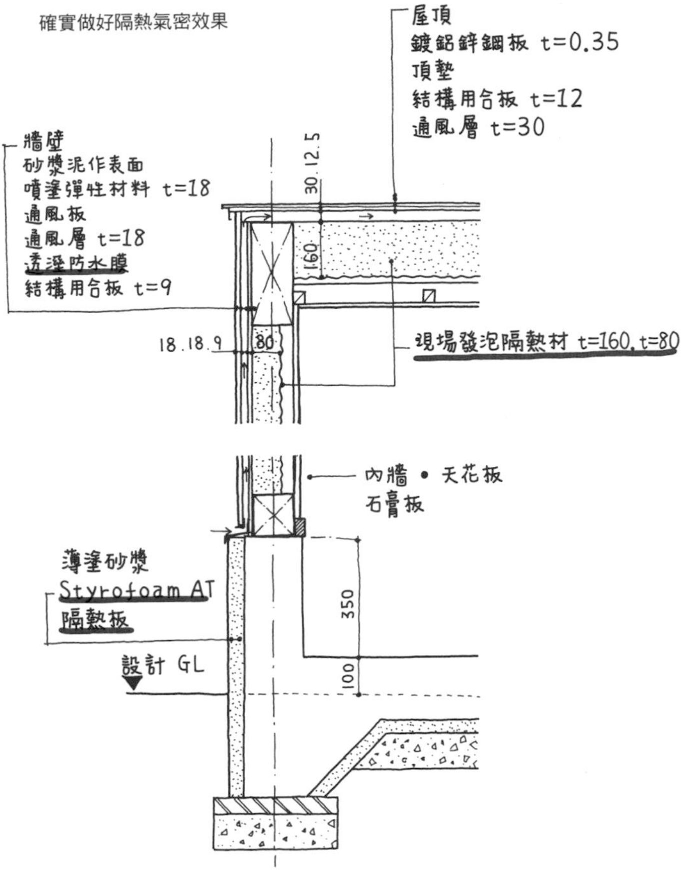
確實做好隔熱氣密效果
屋頂
鍍鋁鋅鋼板 t=0.35
項墊
結構用合板 t=12
通風層 t=30
牆壁
矽漿泥作表面
噴塗彈性材料 t=18
通風板
通風層 t=18
透溼防水膜
結構用合板 t=9
30.12.5
160
18.18.9
80
現場發泡隔熱材 t=160, t=80
內牆・天花板
石膏板
薄塗矽漿
Styrofoam AT
隔熱板
350
設計 GL
100

基礎結構也採用基礎隔熱工法。在打入基礎水泥時，於水泥基礎的外側，一併釘入一種叫做Styrofoam AT的板狀隔熱材，厚度為50㎜，並且能防治白蟻。如此一來，便能使整個住宅都包覆隔熱材。

〔通風工法〕

在隔熱材的外側，也就是外牆的內側設置18㎜的縫隙，當作通風層。如此便能發散由室內排出的水氣，避免產生結露現象等不良影響。

〔被動式節能設計〕

於窗戶設置小巧的雨庇，遮擋夏天的直射陽光，並盡量使冬天陽光進入室內。雖然是小小的設計，卻能帶來極佳的效果。另外窗戶還有一個重要機能。就是通風。在「孕育住宅打造計劃」中，必須事先充分掌握土地的特性，並於適當的位置裝設窗戶。

另外還有一種稱為「溫度差換氣」的方式。利用暖空氣上升的原理，在室內較高的位置設置窗戶，使熱空氣排出室外，這時候室內會呈現在負壓狀態，接著於低處設置窗戶，就能使涼風進入室內。就算室外平靜無風，室內也能流動著溫和的風。

水泥地板的比熱極大。利用蓄熱慢冷卻也慢的特性，使冬天的陽光直射水泥地板。這種方法稱為直接受益（direct gain），加溫後的水泥在太陽下山後，會慢慢地散發熱能，使家中保持溫暖。當然要加上遮蓋夏天直射陽光的配套措施。

〔冷暖氣〕

首先建議裝入埋設式的地板暖氣。電器熱泵（heat pump）的蓄熱式地板冷氣，是非常簡易的裝置。設定一天電源開啟6～8小時，若住宅位於東京近郊，則在11月至隔年3月使用。電器熱泵到了夏天可以當作冷氣使用，打造舒適環境。也具有極佳的節能效果。

雖然搭配一般的空調使用，不過空調的數量能少就少。「容器」的結構就彷彿是一個二層樓高的大空間。雖然舒適的感受因人而

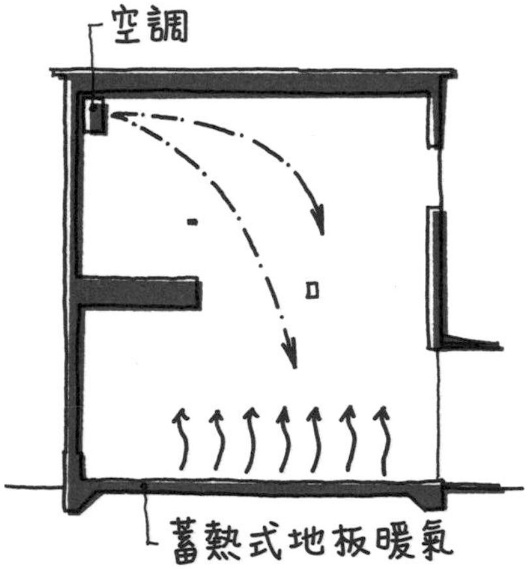

藉由蓄熱式地板暖氣和壁掛式空調
打造出舒適的空間

異，不過只要掌握空氣流動，並將空調設置於適合的位置，搭配熱泵蓄熱式的地板暖氣，只要一台空調就十分足夠。不過考慮到將來可能會將空間隔開，並另外裝設空調，因此建議事先預準備好插座的位置。

⑦設備

許多住宅設備品牌販售著五花八門的設備機器。雖然乍看之下方便又吸引人，不過在選購之前，要仔細思考這些設備的必要性。而大部分的機器設備，和建築物相較之下壽命極短。建築物本身可以維持50年，而結構體則擁有１００年以上的耐用性，不過機器設備最多僅能使用10至20年。

「孕育住宅打造計劃」的機器設備以最簡單為原則。仔細思考真正需要的東西，在挑選各品牌的產品時，就能立刻了解適合自己的類型。首先以必要且簡單的設備為優先，之後再視情況慢慢孕育即可。

不需要多餘的東西

⑧照明

美麗的照明計劃，可以讓空間看起來更寬敞，或是營造出靜謐的氛圍。當然要以足夠的亮度為前提，但是沒必要使用高貴的照明燈具。因為最重要的並非燈具，而是光線本身。若考量到節能時可以採用LED燈，其消耗電量和普通燈泡相較之下可減少一成。不過在設計照明時，仍要考慮到牆壁顏色，以及照在牆壁的色調等整體性。

02 10年後的「孕育住宅打造計劃」

那麼，在「孕育住宅打造計劃」中生活10年後，這個家會孕育成什麼樣子呢？又該如何改造「容器」中的「內裝」？當時3歲的孩子已經成長為國中生，小孩有自己的房間了嗎？家族成員有

比起燈飾，不如細細品味光影變化

在通往浴室的室外設置甲板露台和圍牆，打造出浴室庭院

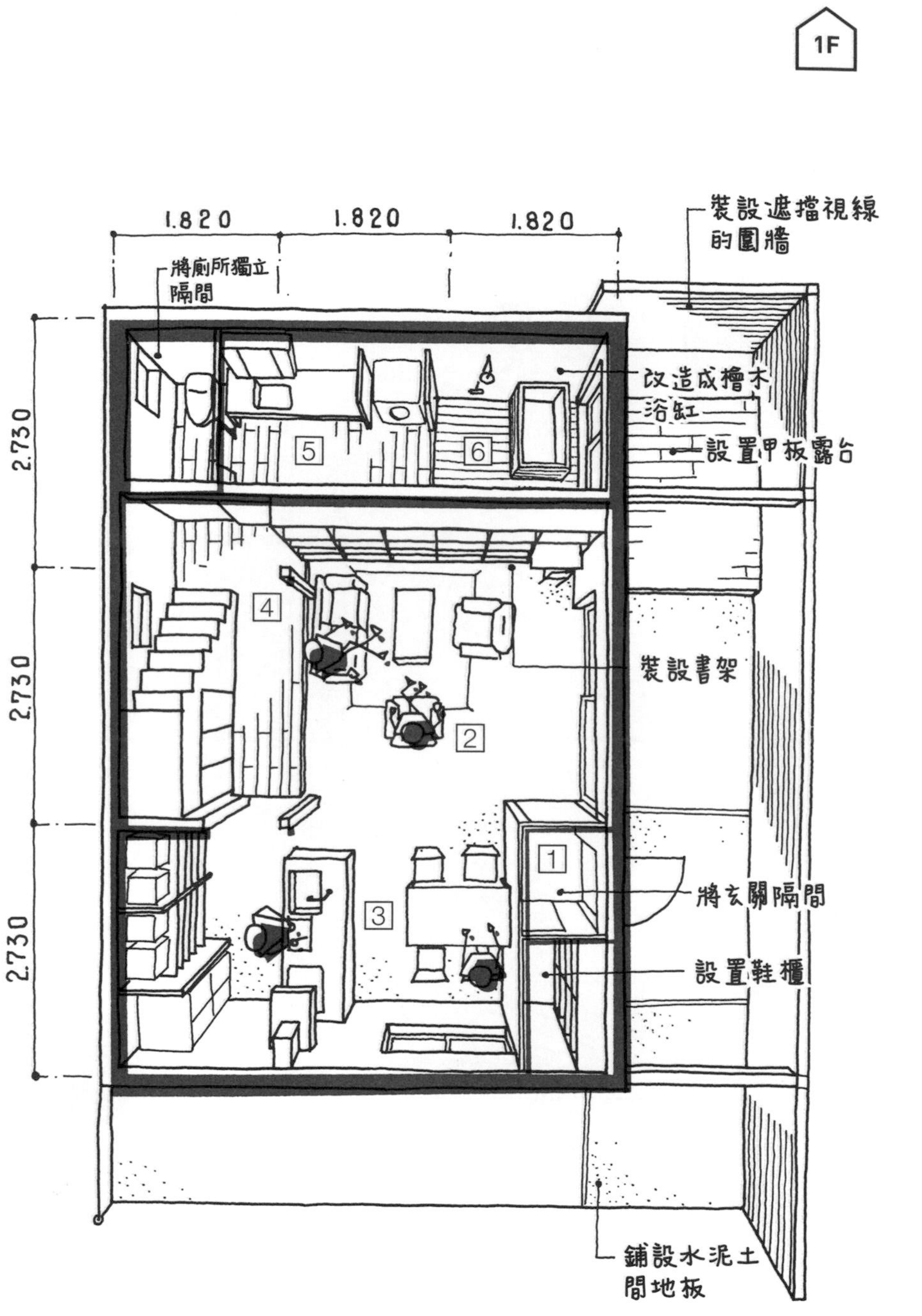
1F
1.820
1.820
1.820
2.730
2.730
2.730
將廁所獨立隔間
裝設遮擋視線的圍牆
改造成檜木浴缸
設置甲板露台
裝設書架
將玄關隔間
設置鞋櫃
鋪設水泥土間地板
1
2
3
4
5
6

After-10'

10年後的樣子

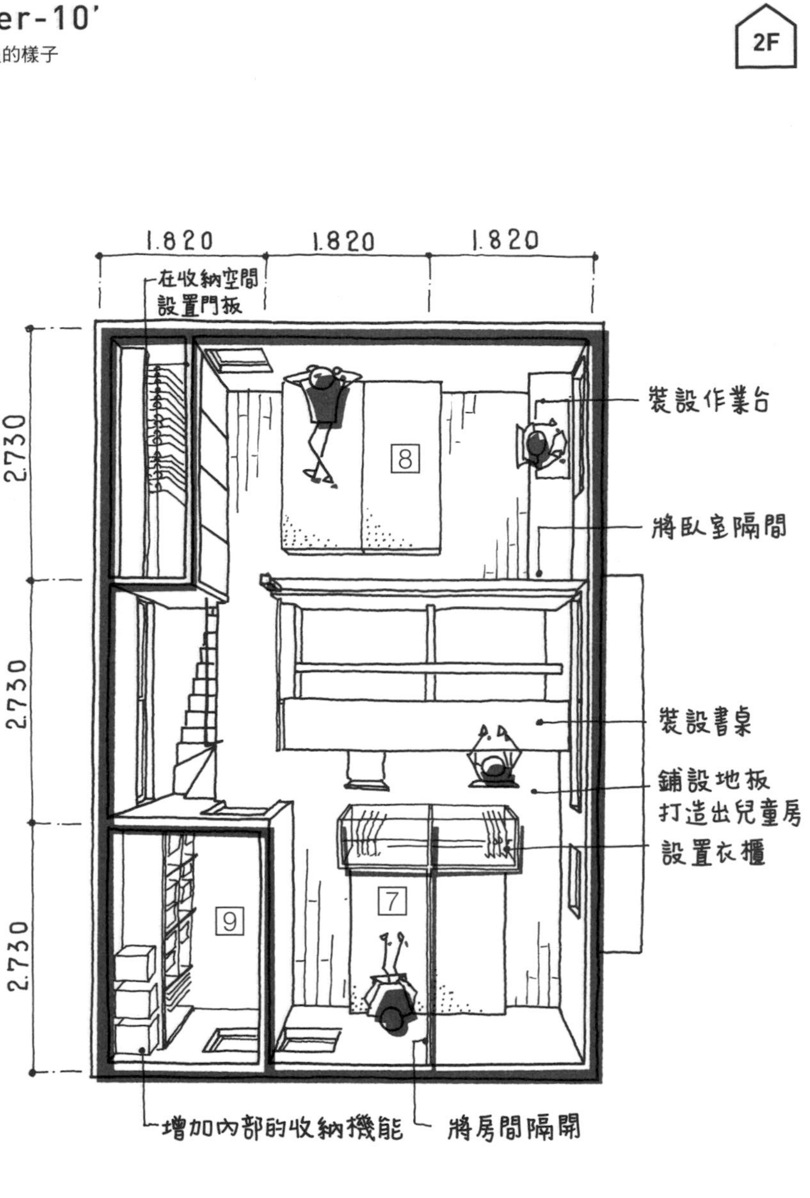

沒有增加？和鄰居的關係變得如何呢？想必偶爾會有來訪的客人吧？在最簡單又堅固的「容器」開始生活後，逐漸摸索著必要的部分，經過10年後，是否已漸漸成為適合自己的住宅？

家的孕育方式有很多種。因此在這裡只舉出其中一種範例，幫助或許不大。不過在這10年間，「孕育住宅打造計劃」的樣貌會不斷變化，這點絕對是相同的。也許在這期間會進行兩次的住宅大改造。

試著想像這些可能性。

1 玄關

「孕育住宅打造計劃」的玄關並不豪華氣派。水泥地板直接和餐廳及客廳相連，沒有任何隔間。在養育幼小孩童的過程中，打開玄關門後餐廳迎面而來，這種設計不但方便又有趣。不過隨著小孩成長，也許會開始想要擁有靜謐沉穩的玄關。加上最初放置的小鞋櫃，已經無法容納全家人漸漸增加的鞋子數量。「孕育住宅打造計劃」的玄關在經過10年後，需要改造成擁有固定式鞋櫃的獨立玄關。

在玄關門打開後的正面，也就是玄關和餐廳之間，裝設一面木製牆壁隔間。並於牆壁的視線高度位置，挖出一個20cm大小的正方形孔洞，再將旅行時購買的霧面玻璃嵌入方形孔中。於面向客廳的位置設置一扇門。接著移開原本的小鞋櫃，並打造出固定式的鞋櫃。

2 水泥地板的LDK

經過10年後，水泥地板漸漸形成極佳的質感。藉由冬天的陽光直射，使水泥地板蓄熱，到了夜晚也能舒適溫暖，加上埋入的地板暖氣，一年四季都能擁有安定的舒適環境。利用水泥地板的優點，可以直接在地上保養鞋子或單車。由於地板為水泥土間，因此偶爾也能當作室外的地板使用。客廳除了是全家人團聚的地方之外，也是個人的遊樂場所。另外書籍和電腦等，也會隨著家族的成長而增加。擁有回憶的物品或日用品也會變多，這是全家人一同成長的證明。理所當然會想要小心地裝飾。

客廳充滿了喜愛的物品

在客廳的牆壁設置整面的書架。也可以將部分設為電視櫃，或是放置影音器材的空間。製作大約可以收藏將近1000本圖書的書架，打造出圖書角落。在另外一個角落設置小小的書桌。除了當作閱讀空間之外，同時也可以是使用電腦的空間。

書架的材質為厚25～30㎜左右的橡木或松木的集成材，並塗上喜愛的顏色。保留木紋的深褐色塗裝，搭配古典圖案的地毯及扶手椅，就能打造出優雅的古典氛圍。也可以使用無塗裝的木材，搭配韋格納（Wegner）的椅子，打造出經典北歐風格，或是將木材塗上Briwax蜜蠟，再放置中古家具，營造出咖啡館風等。

3 廚房和餐廳

可由三側使用的自製中島式廚房，和進入玄關後迎面而來的餐桌，想必在這10年間逐漸成為這個家的生活中心。

將玄關獨立出來後，藉由固定式鞋櫃及隔間牆面，使餐廳成為靜謐安穩的空間。在玄關的隔間牆上，掛上許多充滿回憶的裱框照片。

4 架高地板和樓梯

由木棧板製作的地板及實木板樓梯，在這10年間，漸漸呈現出獨特的韻味，不過這期間可以進行一次維修保養。雖然都有定期上蠟，但是局部的顏色剝落等有點顯眼。小傷的話還不要緊，如果有大面積損傷，可以考慮重新打磨地板、利用蒸氣進行補修，或是重新上色等方式。

5 衛浴空間

由廁所到浴室都呈現無隔間的開放式衛浴空間，結合各種衛浴機能，使用起來想必非常方便。不過隨著家人成長，也是將廁所獨立出來的時候了。雖然也有考慮到不用通過衛浴空間，就能直接進入廁所的動線，但是最後決定活用衛浴空間的動線，裝設門板隔間，並且在廁所中裝設櫃子。櫃子下方用來收納打掃用具及衛生紙，因此加裝門片隱藏，上方則設計成開放式的書架。

6 浴室

經過10年後，試著將和風的浴室空間進行大改造。將原本獨立式的浴缸移走，並放置檜木製的浴缸。淋浴區也鋪上檜木棧板。和浴室連接的室外空間也打造成甲板露台。

從衛浴空間、浴室及室外，都由實木地板一氣呵成彼此連接，

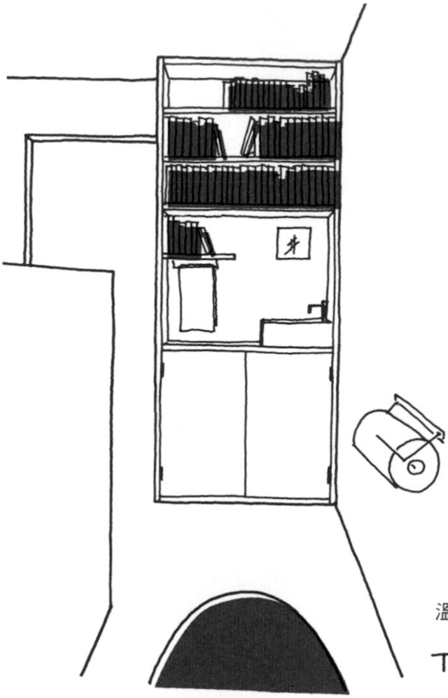

溫馨的圖書角落

Toilet Library

打造出舒適溫潤的空間。

7 兒童房

寬敞的挑高設計，除了讓生活更加豐富多變之外，也是將來預計要鋪上地板、獨立成房間的位置。在此處鋪上地板，配置兒童房。可以打造出兩間小巧的兒童房。並且試著思考兒童房該設計出什麼樣式。

對於兒童房而言，有哪些必要的空間？為睡覺而設的隱私空間、用來讀書的桌子空間，以及收納衣服和書籍的空間，這三個空間是必要的。在這當中，將睡眠空間確實分開，其他兩個空間則打造成比較開放式的設計。如果有兩個小孩的話，將睡覺的地方分開配置，並且把最初購入的榻榻米床搬移至此。將兩張床分別靠牆設置並隔起，當作隱私空間。於出入口裝設門扇。設置一張大書桌，讓兩人可以一起念書。製作出長3．5m的檯面狀書桌即可。並且在書桌的上下側設置書架等收納空間。

如果只有一個小孩，可以將另外一部分設計成全家人共用的第二個客廳。將一樓客廳當作放鬆用的寬敞空間，而第二個客廳則當作全家人的作業空間。或是將挑高部分鋪滿地板，和臥室連接起來等，充滿無限變化的可能性。

8 臥室

臥室面向挑高的位置，只設置了一面腰壁，呈現出非常開放的空間。在這10年之中，就有如生活在歐洲飯店的房間般，享受完全無隔間的寬敞臥室。不過在這之後，全家人開始有各自的生活型態，所以可以將臥室和其他空間隔開。因此在原本腰壁的位置，設置一面與天花板連接的隔間牆。

9 2樓衣帽間

每個空間中都分別設有收納空間。而這個衣物間是用來放置平常較少用到的物品。像是棉被、衣服等換季用的物品，是個重要的收納空間。同時在這10年間，想必也堆了各種無法預期的物品。可以試著將所有物品重新整理，並且在衣帽間內製作出棚架或隔間。

10 室外空間

試著在鄰地的境界上，設置高約２ｍ的簡單木製圍牆。鋪設橫板並預留縫狹縫，兼具遮住視線和通風的機能。設置在浴室前方的木製露台旁，當作乘涼的室外小空間。

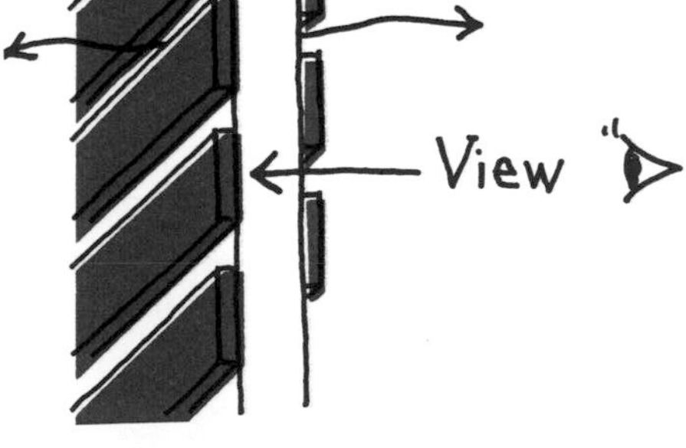

可遮住視線又能通風的木製圍牆

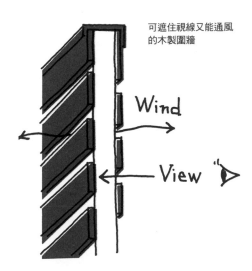

03

20年後的「孕育住宅打造計劃」

時光流逝，20年過去了。這個家又會有什麼樣的變化呢？這期間又是如何孕育而來？想像20年後的生活，是一件極為困難的事。不論好壞，變化永遠會超越計劃。因此在第一章曾說過這是沒有意義的，不過在這裡希望大家能試著想像20年之後的樣子。

原本3歲的小孩應該已經出社會，離家獨立。丈夫雖然還在工作，但是也到了開始規劃退休後生活的年齡。生活型態安定，也認識了許多當地的好朋友。偶爾參加志工活動。結束養育小孩的階段，太太的自由時間也更多了。

在這種狀態下，試著想像20年後的住宅模樣。

將夫妻的共同興趣——「料理」加以活用，最大的變化就是開設料理教室。

設計出玄關前方的小空間

1 玄關

於玄關外側，也就是玄關門廊和庭院之間，設置隔間牆和側門。將公私領域區分開來。

2 水泥地板的LDK

於客廳設置柴火暖爐。雖然是體積小巧的柴火暖爐，不過只要一台就能溫暖整個空間。在寒冷的冬季中，絕對是全家人團聚的最佳場所。還可以放上鍋子，成為家庭派對的中心。

3 廚房和餐廳

為了經營料理教室，因此將廚房中原本高度位於腰部以上的窗戶拆除，重新打造成落地窗，並且能由此出入室外空間。將中島型廚房，改造成靠牆的L型設計。另外製作出料理台。將餐桌配置於靠近客廳的位置，大家可以一起享受剛做好的料理；天氣晴朗時，也可以在屋外享受陽光與美食。還可以當作和鄰居討論會議的場所，或是小狗散步的休息空間。

改造成直接通往室外的廚房

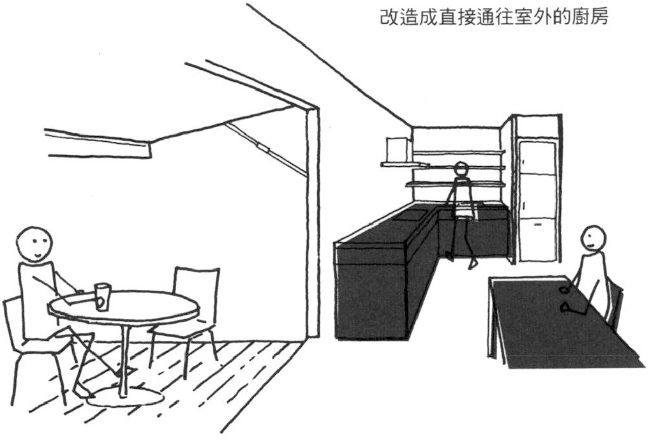

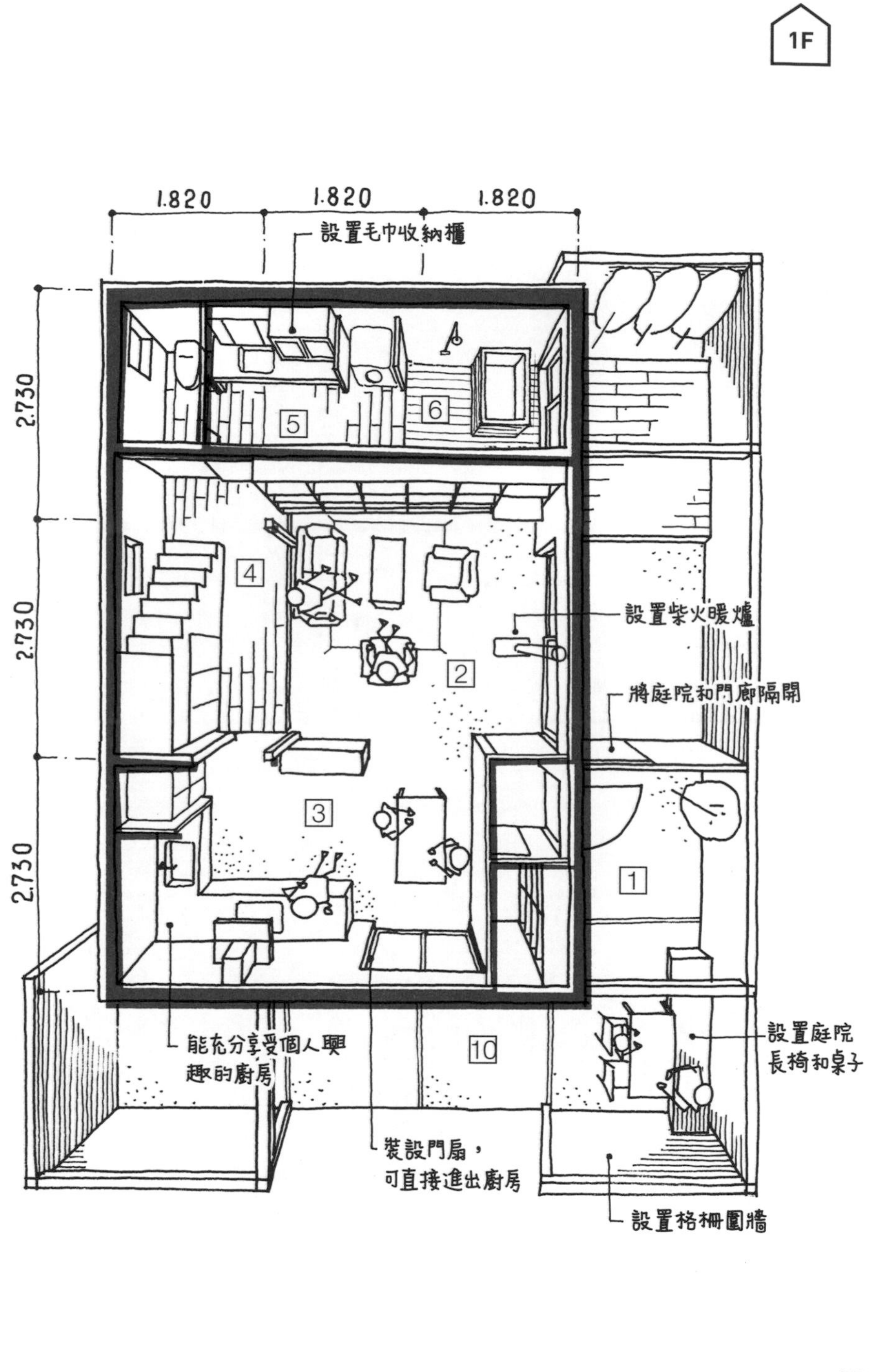
1F
1.820
1.820
1.820
2.730
2.730
2.730
設置毛巾收納櫃
設置柴火暖爐
將庭院和門廊隔開
設置庭院長椅和桌子
能充分享受個人興趣的廚房
裝設門扇，可直接進出廚房
設置格柵圍牆
1
2
3
4
5
6
10

After-20'

20年後的樣子

2F

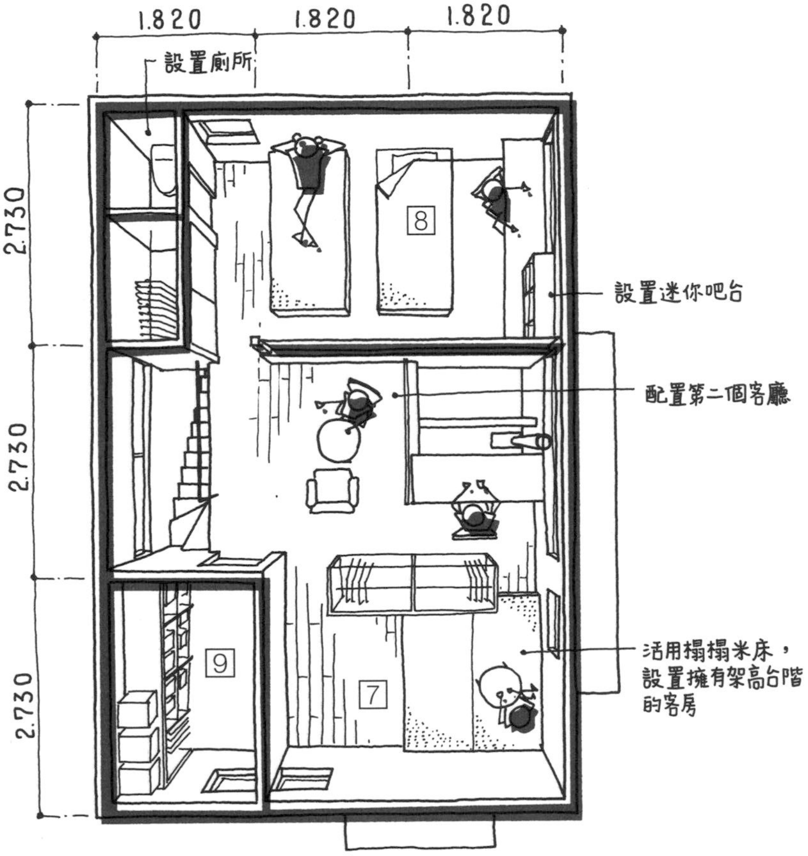

4 架高地板和樓梯

由木棧板構成的地板，以及實木材的樓梯，經過20年之後質感逐漸變化，令人更加回味無窮。和第10年的時候一樣，將剝落或是損傷的部分重新打磨、用蒸氣進行補修，或是重新上色即可。

5 衛浴空間

首先是增加脫衣間的機能，使入浴更加方便。在洗臉台上方設置毛巾櫃，用來整理毛巾或內衣褲等織布類物品。並於下方放置丟髒衣服的洗衣籃。

6 浴室

在第10年改建的檜木浴缸，想必仍然完整無傷，不過淋浴區的木棧板可能已經受損嚴重，因此可以更換新的木棧板。另外，水龍頭等淋浴設備或是管線，由於接近使用壽命，也許會出現損壞等情況。建議在這時候檢查各種設備管線的狀況。

7 兒童房

在第3章曾經提過，等小孩長大離家後，便能將兒童房規畫成各式各樣的空間（114頁）。打造成訪客用的客房，也許是個不錯的選擇。將之前的榻榻米床組合成架高台階，並且在剩餘的空間中放置一張扶手椅。如此一來打造出可讓客人投宿的客房。

8 臥室

在臥室一隅，打造出年輕出國旅行時在飯店看到的迷你吧台。於窗邊設置小小的檯面，並且放上有玻璃門的儲藏櫃，享受睡前小酌的樂趣。

另外，還可以在臥室旁設置廁所，為將來做好準備。雖然還很早，不過有備無患。於一樓廁所的正上方，在設置一間廁所。給排水管線只要將一樓的設備延長即可，因此並不困難。

9 2樓衣帽間

也許不需要加以改造，不過仍可根據收納物品的情況而定。

將兒童房改造成客房

10 室外空間

在與道路的界線上設立柱子，並且架設樑木與建築物連接。設計出可以讓植物攀藤的棚架。另外設置部分木製圍籬，稍微遮住道路的視線。也可以考慮掛上葦簾。在玄關門廊外側的空地一角，打造出室外客廳。在天氣晴朗的日子裡，是料理教室結束後享用美食的絕佳場所。住宅與街道的關係，應該是要在居住的同時，慢慢建立起來，並且保持適當的開放感與隱私，才是最理想的方式。

最終章

「孕育住宅打造計劃」的再思考

——作為後記——

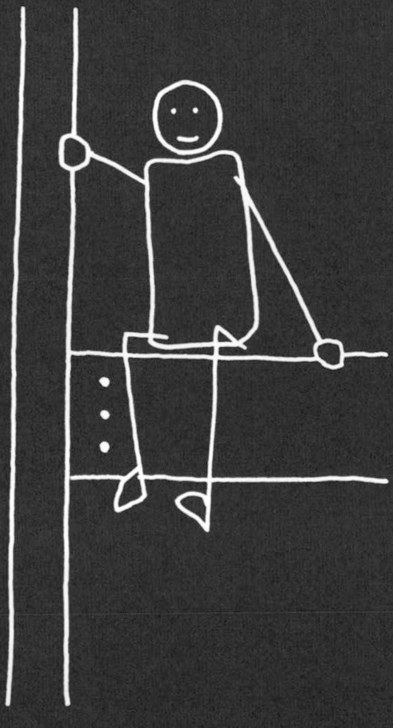

01

在生活的同時思考未完成的住宅形式

到目前為止的住宅設計，在蓋完房屋之後，就會立刻變得很寂寞。大約為期一年，匆忙地開始打造住宅。首先和建築師頻繁開會討論，家人彼此的話題也圍繞著新房子。還聽過夫妻在這過程中，才了解到對方的另一面。偶爾一起用餐，順便討論設計的圖稿，也是很愉快的時光。工程開始後，便經常到現場探勘施工的進度。建造工程大多是從舉行地鎮祭※1之後開工。造好骨架之後，在樓梯上進行上棟式※2，想必會和現場的木工師傅變得更親近。另外也會到現場確認插座的位置，或是各個位置的顏色等。不過到目前為止的住宅設計僅只於此。也就是說，當房屋建造完成，並交給屋主後就結束了。後續若沒有特別的問題，大概就是決定1年檢查、2年檢查等定期檢查的時間。因此在交屋之後，沒來由的令人感到寂寞。

「孕育住宅打造計劃」的過程和這些完全不同。

在最低限度的「容器」中，開始簡單的生活。確實掌握「容器」周圍的環境，並且同時由居住者仔細思考後，打造出必要部分的「容器」。不過並不需要執著於每個細節。刻意保持在「未完成」的狀態。這就是將考量到時光流逝，刻意保留未完成部分，以便將來能夠逐漸孕育的家。用一輩子的時間，慢慢打造完成的家。

是以「容器」為原點，一點一滴孕育「內裝」的住宅打造計劃。

原本住宅就不是以建造完成為目的。能夠不斷地享受住宅打造的過程，才是理想的家。

對於住宅打造而言，到底什麼樣的狀態才能稱為「完成」？「人」居住在家中，隨著時光流逝不斷變化，為了那個居住的「人」，家應該永遠都沒有完成的狀態。目的並非將家建造完成。而是不斷思考如何創造出更舒適的生活，並且享受於孕育的過

程，也許才是理想的形式。

※1　地鎮祭：日本的動土儀式。
※2　上棟式：在建築基本結構蓋好之後進行的開工儀式。

02 住宅設計的好夥伴

若擁有豐富經驗的建築師或是工務店隨時在側，也許能讓你更有信心。彷彿主治醫生般的存在。各種書籍或是網路上的情報等，在孕育住宅的過程中，也都是很重要的部分。住宅設計的最初階段——「學習」，是為了之後能夠持續下去的重要階段。

另外還有很重要的一點。就是擁有相同想法、相同價值觀，並且同樣在進行住宅打造計劃的同伴。

「我現在煩惱著這些部分」或「我想要這要改造，你有哪些建議嗎？」像這樣子討論，雖然並非專業，不過能有互相分享經驗或是提供實用建議的同伴，是非常棒的一件事。而某一天你也會變成能夠提供幫助的人。

想法接近的同伴，也許就像是「孕育住宅打造計劃社群網站」一樣。在孕育住宅的過程中，需要一個能夠輕鬆提問討論的地方。

到目前為止的住宅設計過程，都僅限於兩者的溝通。也就是「居住者和建築師」。而且是關係密切的兩者。侷限於這種方式也許並不好，有時候還是需要第三者的意見。而居住者彼此互相交換意見，也是非常具有意義的。

在居住的同時，如果身邊有能夠互相討論各種住宅疑難雜症的同伴，便能令人安心不少。

03 對於本書的想法

「在這瞬息萬變的社會當中……」，就像是必須用這種開頭來下筆般，住宅設計的環境出現了很大的變化。雖然如此，實際的住宅設計現場，卻和高度經濟成長期沒有差異。

大約在30年前，當我還是個正在學習建築的學生時期。電視新聞節目曾播出「建造房屋時會委託誰？」這種特集。那時候的選項分別有①房屋建設公司、②工務店、以及③不動產公司。其中並沒有我立志成為的職業，也就是「委託建築師」這個選項。當然那時候有許多優秀的建築師，也有很多歷史留名的住宅。我也曾經憧憬於那些建築師。不過他們並不為一般大眾所知，遑論住宅設計，這些建築師可能也無意向建設公司或工務店競爭。那時候的建築師所打造的住宅，大多是為少數特殊族群而造的特殊住宅。

在那之後經過了許久，住宅建設相關業界出現了極大的變化。泡沫經濟的崩壞、大地震、錯誤的認定標準逐漸浮出表面、偽造、審查不足等造成的法規問題，或是對於技術太過自負等。同時我們也漸漸接受社會環境的大變化。終身僱用制度的式微、在全世界中以最快速度迎接少子高齡化社會、經濟停滯以及超低經濟成長社會。

一般日本人將擁有房屋視為理所當然，是從高度經濟成長時期開始。大約距今40年前，在收入倍增、終身僱用制度的環境中，擁有自己的家，成為男性一輩子的工作。那時候也是住宅金融公庫（現在的住宅金融支援機構）等金融機關，開始推廣房屋貸款的時期。這是一種國家政策。許多工務店因此而誕生、繁榮，全新經營方式的建設公司也陸續誕生。

現今的社會環境已經和當時完全不同。雖然現代社會的目標方向仍然是霧裡看花，不過大家都心知肚明，已經無法和過去相提並論。就算所有的事物已經走在完全相反的道路上，不過在住宅設計這方面，以包套方案加上極少部分客製化，並用長期高額貸款來購買房屋，這種系統仍然是主流。在非終身僱用制度的環境下，長期的高額房貸甚至需要用壽險來保障。

想必大家開始出現疑惑。

就算是量身訂製的住宅，在這個事業主體的商業模式中，只有一種以「家」為名的商品。和建築師共同打造住宅的繁複過程相較之下，居住者，或是由社會大眾所認知的評價，一定不是只有「家」這個字而已。

「家」真正的意義在於「以居住者為主體的住宅設計」，這是往後對於家的思考方式。換句話說，也就是不能過度仰賴建造「家」的業者。因此必須要試著將「家」分解成許多部份。接著清楚區分哪些是居住者應該做的，哪些又是建設業者應該做的。整個過程中的衡量標準屬於文化，而非經濟。將住宅設計視為一種文化，才能修正由戰後建立的住宅設計觀念。

本書將「孕育」的價值觀帶進家中。家並不是「買賣」的商品，也並非「製造」出的作品，而是需要「孕育」的個體。接近骨架狀態的家，在本書中稱之為「容器」，建造業者將這個狀態的家交給屋主，之後便由屋主在居住的同時，逐漸「孕育」。未完成的狀態才是最重要的。因為尚未完成，才有無限的可能性，並且能不斷重複修正，本書將這些過程稱為「再思考」。而這才是「孕育住宅打造計劃的方式」。

04

建築師的角色

住宅在未完成的狀態下便開始入住。也許多少會有一些壓力。不過我認為這就是導向「孕育」住宅的動力。生活在套裝化的住宅中也許很輕鬆，不過那並非來自於滿足，而是因為一開始就不需要思考，所以是一種類似幻想的假象。

建築師在這之後所該扮演的角色，應該不再侷限於設計出特殊的作品。而是打造「住宅」，也就是能夠包容人生的「容器」，並且創造出能夠讓居住者學習如何孕育住宅的架構及環境。努力建造出「容器」和「內裝」，「居住者」和「建造業者」，以及「居住者」和「居住者」之間的橋樑。

一旦將住宅視為「孕育」的個體，就沒有所謂的完成。一旦將住宅設計視為一種「文化」，這個過程就不會有終點。

隨著時光流逝一點一滴孕育的家，隨著時間共同成長的家，而打造出這種家的基礎，我想就是建築師所扮演的角色。

佐佐木善樹

若建築物位於商業地區或狹小土地上，則另外有為三層樓建築而打造的「容器」計劃。本書首先以理解「孕育住宅打造計劃」為前提，並且以兩層樓建築作為基礎來說明。

「Thought-FACTORY」

Thought-FACTORY是由佐佐木善樹建築研究室所主辦、匯集許多刺激思考及各種創意想法的場所。在這裡可以自由閱覽1000本以上、由佐佐木善樹挑選的住宅設計相關書籍，並登錄於「台東區工作室店鋪」中。

「舍樂人交流會」

佐佐木善樹及參與住宅設計的人，稱為「舍樂人」。「舍」代表享受住宅樂趣的人。
「舍樂人交流會」是由舍樂人經營的「享受日常生活樂趣的交流會」。
並以提供孕育住宅的支援環境為主旨，進行各種活動。

資料

「孕育住宅打造計劃」的標準形式（圖面集）

在這裡所標示的標準圖面，皆為最初的「容器」樣式。將多餘部分的去除，在居住的同時，能夠逐漸孕育「內裝」的「容器」樣式。以此標準形式為基礎，可根據基地條件，或是加入屋主的想法加以變化。

圖面集

※於第4章說明的建築費用1400萬日圓、設計費190萬日圓、監工費40萬日圓，是建造這個「容器」的概算費用（會根據物價變動而有所差異）。

外部裝潢			
屋頂	鋪面	鍍鋁鋅鋼板t0.35	1／10
	基礎	通風墊片＋通風椽t=45＋結構用合板t=12＋頂墊	
外牆	修飾	噴塗彈性細骨材 t=3	
	基礎	結構用合板t=9＋泰維克（Tyvek）防水布＋通風橫條板t=18＋砂漿板※t=15	
鼻隱・破風	日本鐵杉t=20　包覆鍍鋁鋅鋼板t=0.35		
屋簷下	彈性板材t=6　雙層鋪設		
基礎	隔熱材（Styrofoam AT）　t=50表層砂漿塗裝t=3		
雨庇・排水五金	鍍鋁鋅鋼板t=0.35		
開口部	鋁門窗深度80半外（玻璃：鐵絲網玻璃6.8+A+E3.4.5高隔熱型）		
玄關門	鋼鐵製作	皆附有紗門（黑色PVDC紗網）	

內部裝潢																		
位置	地板					踢腳板		牆壁							天花板			
裝潢	金屬鏝刀塗裝 土間水泥	鋪設杉木棧板 t35	鋪設實木地板 t15	FRP防水・砂石		椴木合板 h30 t5.5	水泥	網狀織布油灰固定	網狀織布油灰固定	廚房板材 t3	椴木合板 t5.5	砂漿泥作 t20			網狀織布油灰固定	網狀織布油灰固定	網狀織布油灰固定	椴木合板 t5.5
塗裝							BT	EP	NA			DP			EP	NA	NA	
基底								PB1							PB1		FB	
2F 臥室			○			○		○							○			
衣櫥			○			○		○							○			
走廊	○																	
1F 玄關・LDK	○						○	○							○			
走廊・樓梯		○				○		○							○			
收納		○				○		○							○			
衛浴空間		○				○			○							○		
浴室	○						○					○					○	

塗裝記號				基底記號				
EP	合成樹脂乳膠漆	DP	彈性塗料		PB1	石膏板 t=12.5	FB	彈性板 t=6
NA	壓克力樹脂系非水分散塗料	BT	防塵纖維板		PB2	石膏板 t=15		

特註	
	■本設計圖是根據本書主旨「孕育住宅打造計劃」，而製作出其中一種「孕育住宅」的基本類型。雖然尺寸、面積及材料等，都是以製作出低成本高品質的住宅為目標而考量，實際仍需依照不同基地條件，以及屋主的想法來進行調整。

佐佐木善樹建築研究室

建築概要

建築名稱	________________ 新築工程	性能	
建築業主	姓名	結構	等級2以上
	地址	隔熱	改正節能法等級4
建築位置	地址		
	門牌表示		

用途	■專用住宅（小家庭・二代同堂・其他）　□併用住宅　　　）　□其他　（　　　　）
工程種類	■新建　　□加蓋
用途地區	■第　種低層住宅專　□第　種中高層住宅專　□第一種住宅　□準住宅
	□鄰近商業　□商業　□準工業　□工業　□無指定
防火種類	□防火地區　■準防火地區　□其他　□22條・23條
地區・地域	□高度地區（第　種）　□風致地區（第　種）　□其他（　　　　）
基地面積	97.75　㎡　29.57　坪
道路	種類　■公用道路　□私人道路　實際寬幅　4.0　m（認定寬幅　　m）
	道路編號　第　　號　42條　項　號

結構	□柱樑構架木造　■五金木造（　　　）　□鐵骨　□鋼筋水泥造
建蔽率	60　%（緩和建蔽率　——　%）＝指定建蔽率　60　%
容積率	200　%（前方道路寬幅容積率　160　%）＝指定容積率　160　%

面積	建築面積	44.72 ㎡	13.52 坪	建蔽率	45.75 %
	法定總樓板面積	69.56 ㎡	21.04 坪	容積率	71.16 %
		各樓樓板面積	各樓緩和面積	各樓容積率面積	備註
	閣樓	—— ㎡	—— ㎡	—— ㎡	
	3樓	—— ㎡	—— ㎡	—— ㎡	
	2樓	24.84 ㎡	—— ㎡	24.84 ㎡	
	1樓	44.72 ㎡	—— ㎡	44.72 ㎡	
	地下室	—— ㎡	—— ㎡	—— ㎡	
	合計	69.56 ㎡	—— ㎡	69.56 ㎡	

設備	■給排水設備　■瓦斯熱水器設備　■訂製廚房（木工工程・現場塗裝）
	■土間地板埋設蓄熱式地板暖氣　■挑高上方一台（其他工程）
	■電燈・插座設備　■一般電器設備
其他工程	■所有外結構工程

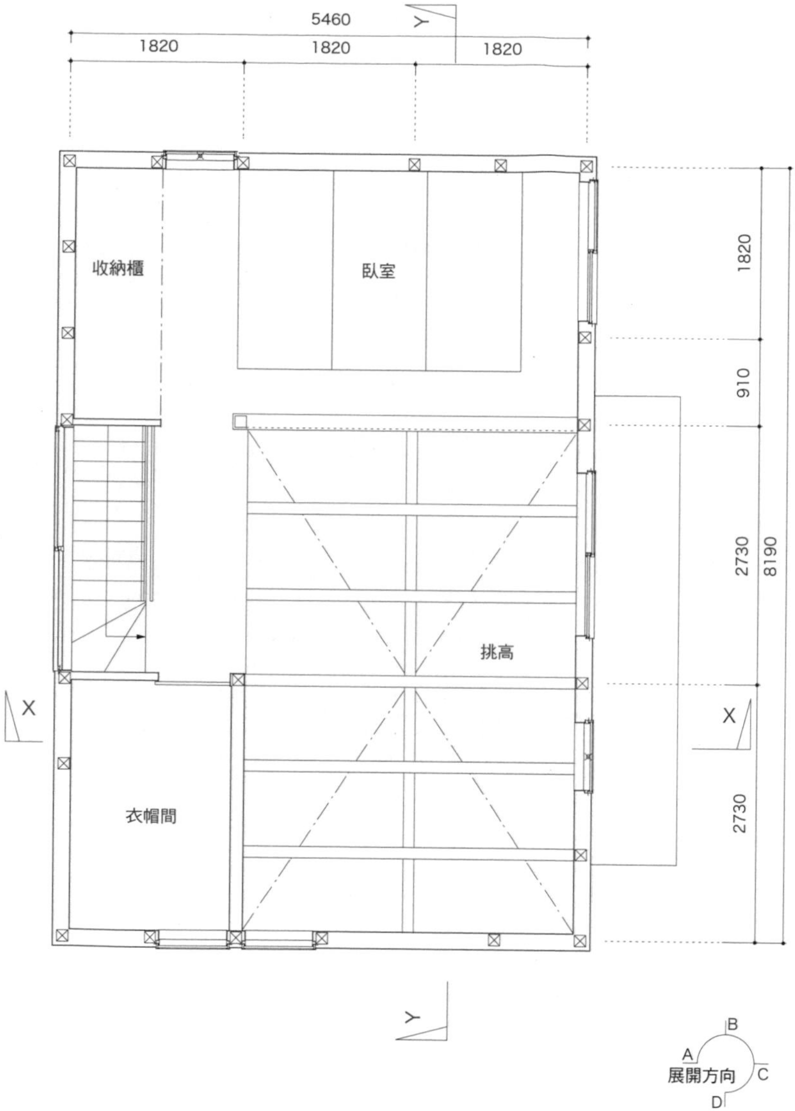
5460
1820
1820
1820
Y
收納櫃
臥室
1820
910
2730
8190
挑高
X
X
衣帽間
2730
Y
A
B
C
D
展開方向

2 樓平面圖

平面圖

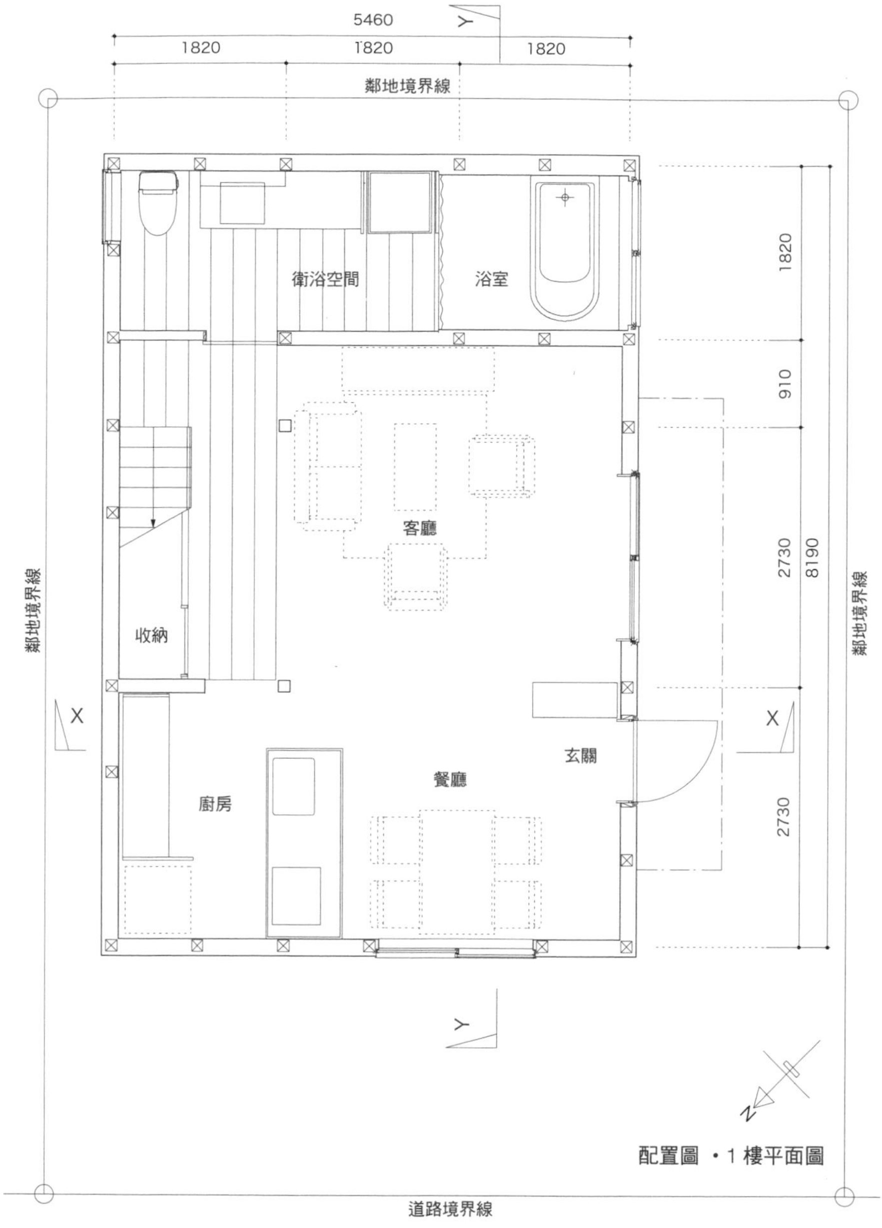

配置圖 ・1 樓平面圖

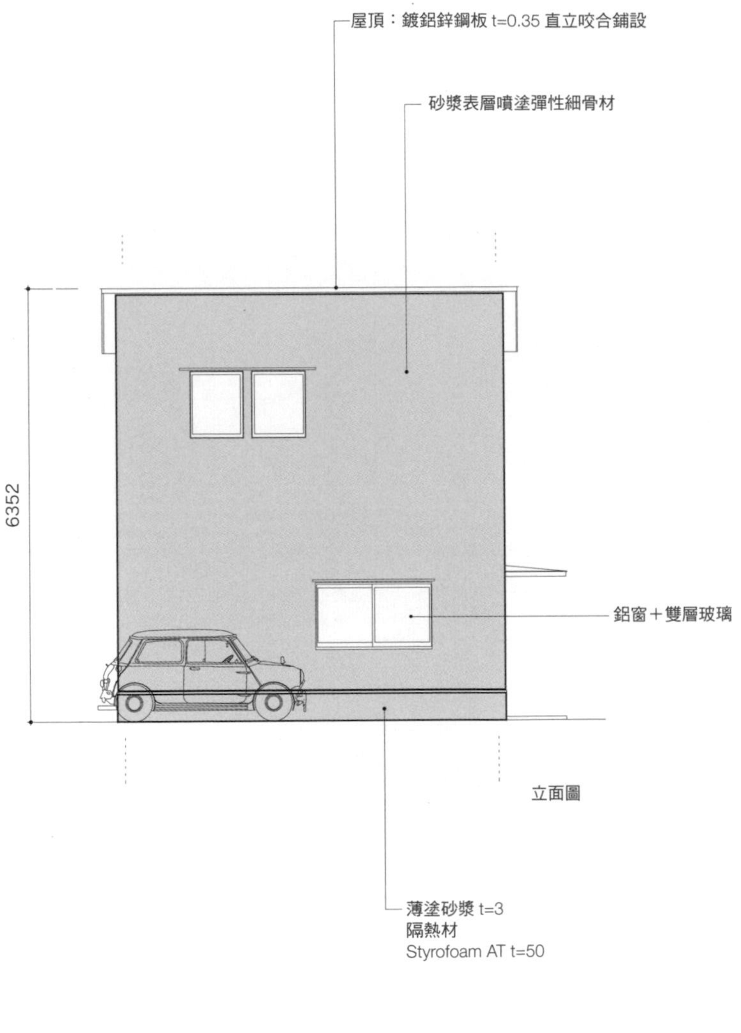
屋頂：鍍鋁鋅鋼板 t=0.35 直立咬合鋪設
砂漿表層噴塗彈性細骨材
6352
鋁窗＋雙層玻璃
薄塗砂漿 t=3
隔熱材
Styrofoam AT t=50

立面圖

斷面圖

03

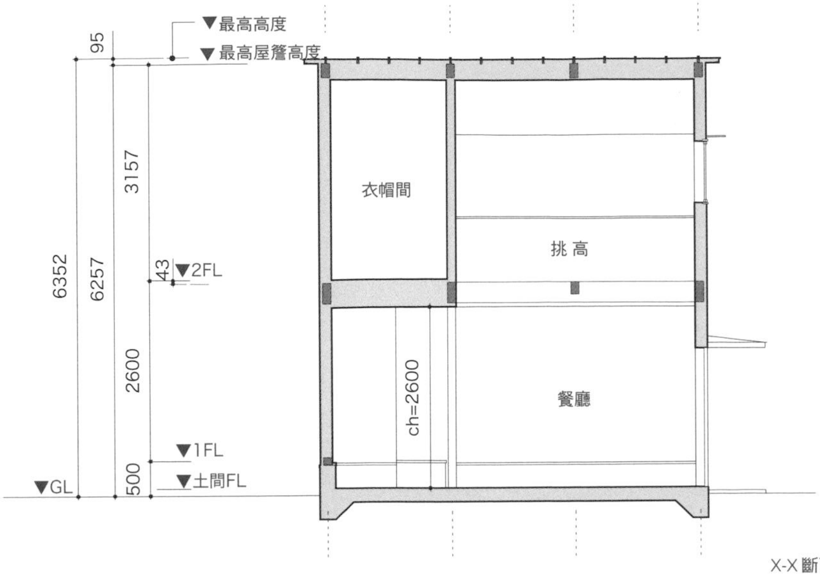

X-X 斷面圖

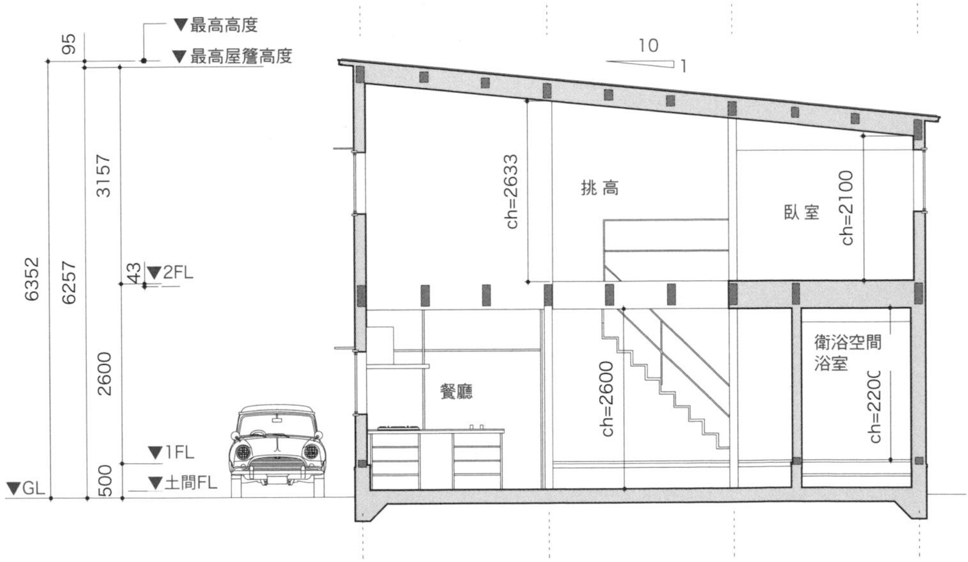

Y-Y 斷面圖

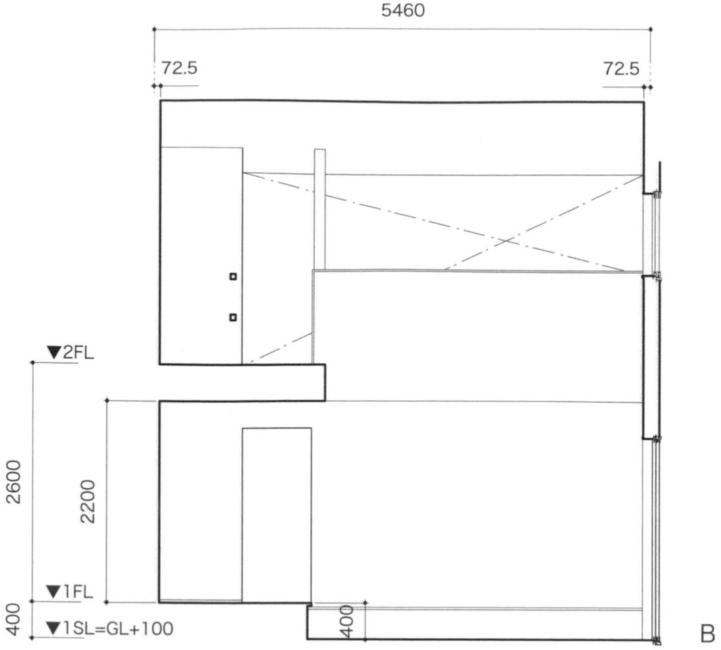
5460
72.5
72.5
▼2FL
2600
2200
▼1FL
400
▼1SL=GL+100
400
B

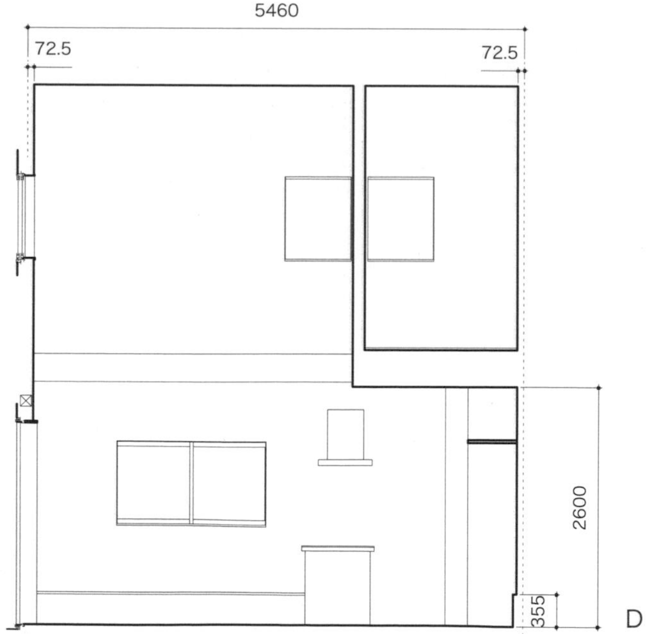
5460
72.5
72.5
2600
355
D

佐佐木善樹建築研究室

展開圖

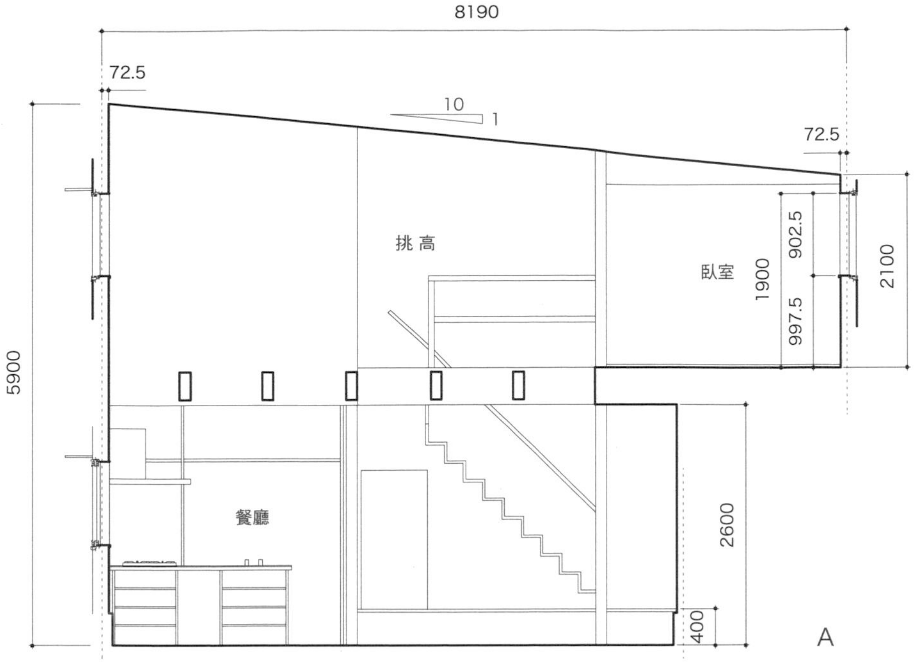
8190
72.5
10
1
72.5
挑高
臥室
902.5
1900
997.5
2100
5900
餐廳
2600
400
A

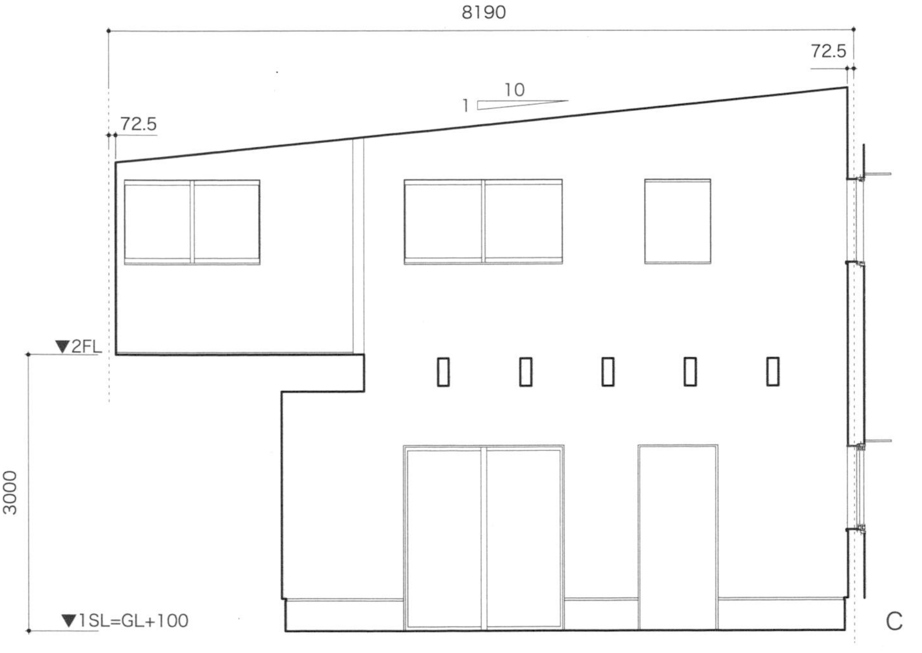
8190
72.5
10
1
72.5
▼2FL
3000
▼1SL=GL+100
C

訂製廚房詳細圖

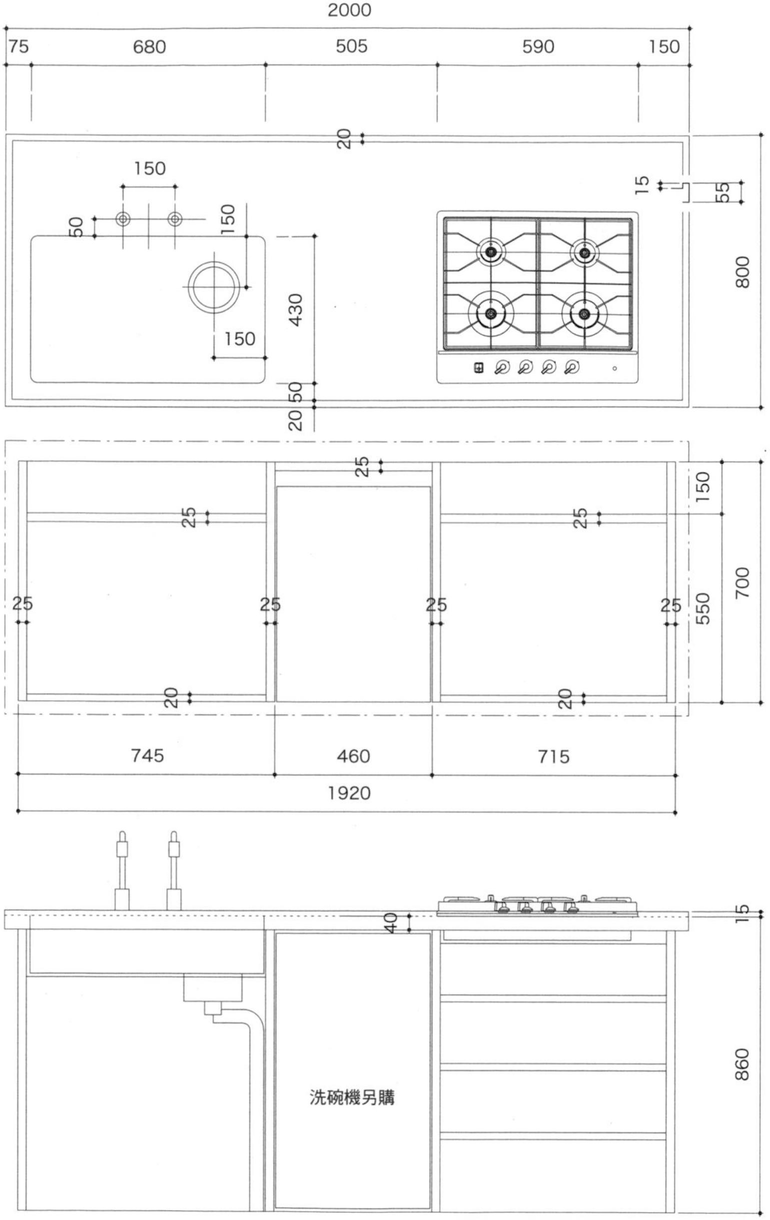

[樣式]

天板：不鏽鋼 H.L t=1.0 四邊裝設防水邊條	瓦斯爐：林內 Rinnai 嵌裝式爐具
側板：椴木木芯板 t=25 EP 塗裝	水龍頭：單水龍頭 KAKUDAI 707-007-13+796-913 數量 2
棚架板：(可動式)椴木木芯板 t=25 EP 塗裝	洗碗機：另外購入

佐佐木善樹建築研究室

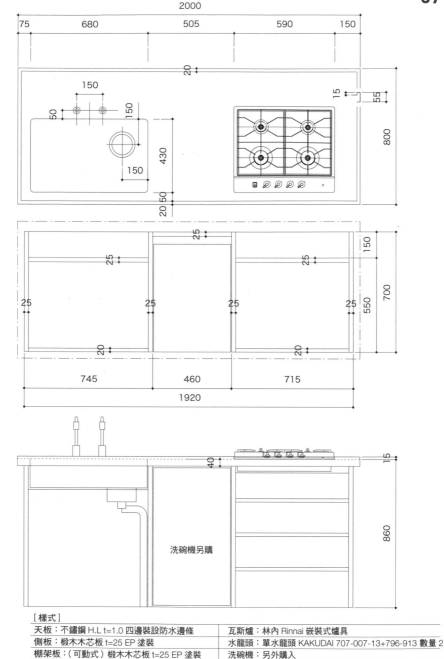

斷面詳細圖

06

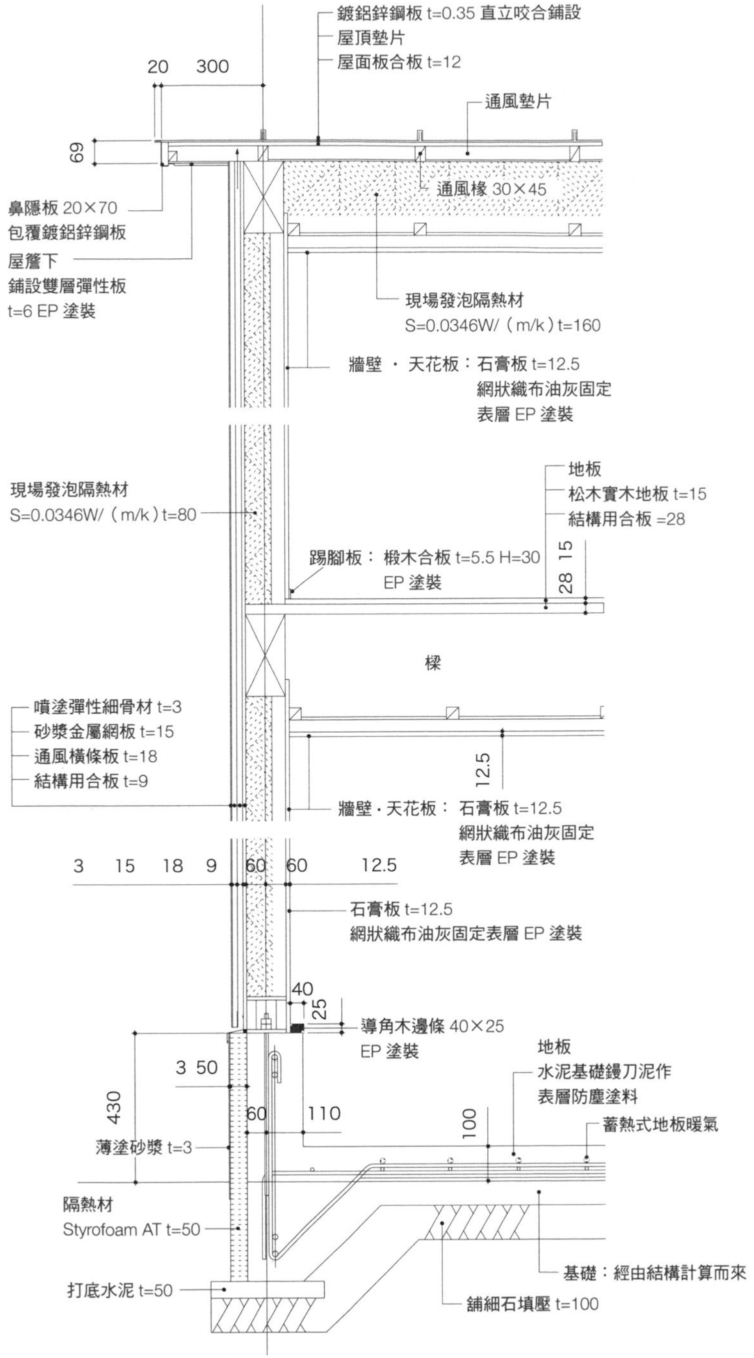
鍍鋁鋅鋼板 t=0.35 直立咬合鋪設
屋頂墊片
屋面板合板 t=12
20
300
通風墊片
69
通風椽 30×45
鼻隱板 20×70
包覆鍍鋁鋅鋼板
屋簷下
鋪設雙層彈性板
t=6 EP 塗裝
現場發泡隔熱材
S=0.0346W/（m/k）t=160
牆壁 · 天花板：石膏板 t=12.5
網狀織布油灰固定
表層 EP 塗裝
地板
松木實木地板 t=15
結構用合板 =28
現場發泡隔熱材
S=0.0346W/（m/k）t=80
踢腳板： 椴木合板 t=5.5 H=30
EP 塗裝
15
28
樑
噴塗彈性細骨材 t=3
砂漿金屬網板 t=15
通風橫條板 t=18
結構用合板 t=9
12.5
牆壁・天花板： 石膏板 t=12.5
網狀織布油灰固定
表層 EP 塗裝
3
15
18
9
60
60
12.5
石膏板 t=12.5
網狀織布油灰固定表層 EP 塗裝
40
25
導角木邊條 40×25
EP 塗裝
地板
水泥基礎鏝刀泥作
表層防塵塗料
3 50
430
60
110
100
蓄熱式地板暖氣
薄塗砂漿 t=3
隔熱材
Styrofoam AT t=50
基礎：經由結構計算而來
打底水泥 t=50
鋪細石填壓 t=100

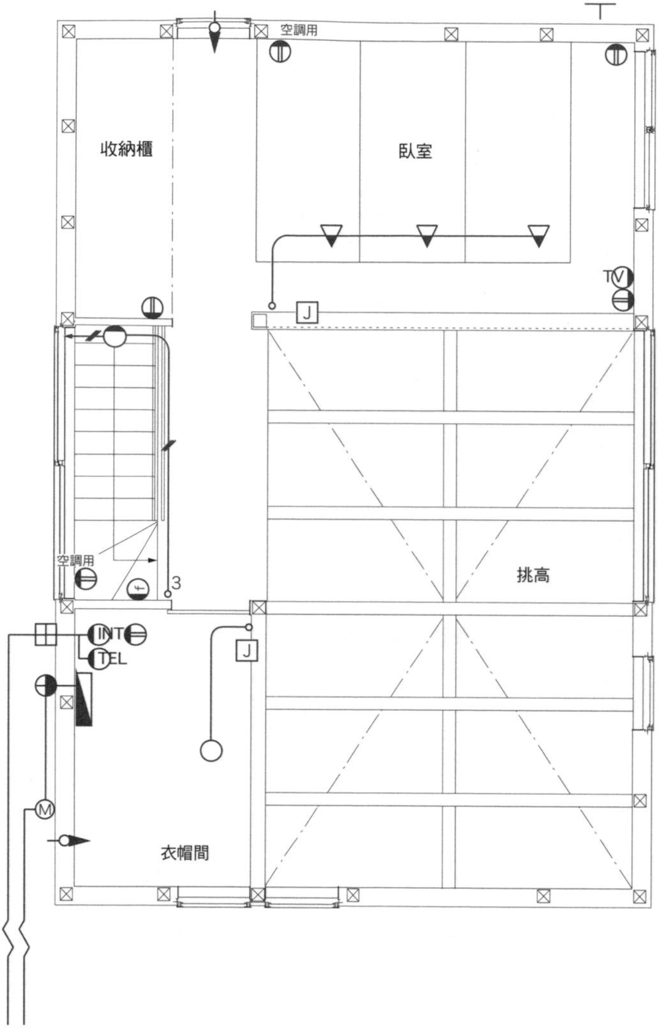

記號	名稱
	吸頂燈
	上方壁燈
	下照燈
f	腳邊燈
	投射燈
	吊燈
	配線通道
	兩孔插座
e	三孔插座
WP	防水插座
TV	電視天線插孔
INT	網路線插孔
TEL	電話線插孔
t	照明定時器
	電源開關
tv-int	影像對講機
i	玄關門鈴
	電源線
M	電表
	電話線
	配電盤
24	24 小時換氣扇
	局部換氣扇
	給氣口
	電視分享天線
J	接線盒

2 樓電燈插座圖

佐佐木善樹建築研究室

電燈插座圖

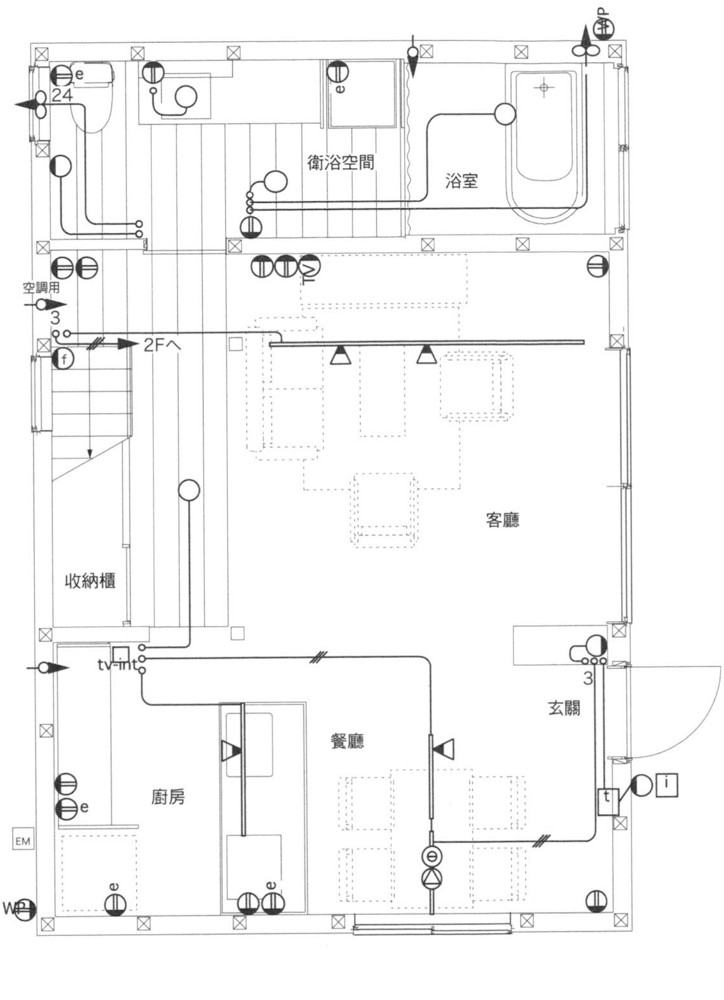

1 樓電燈插座圖

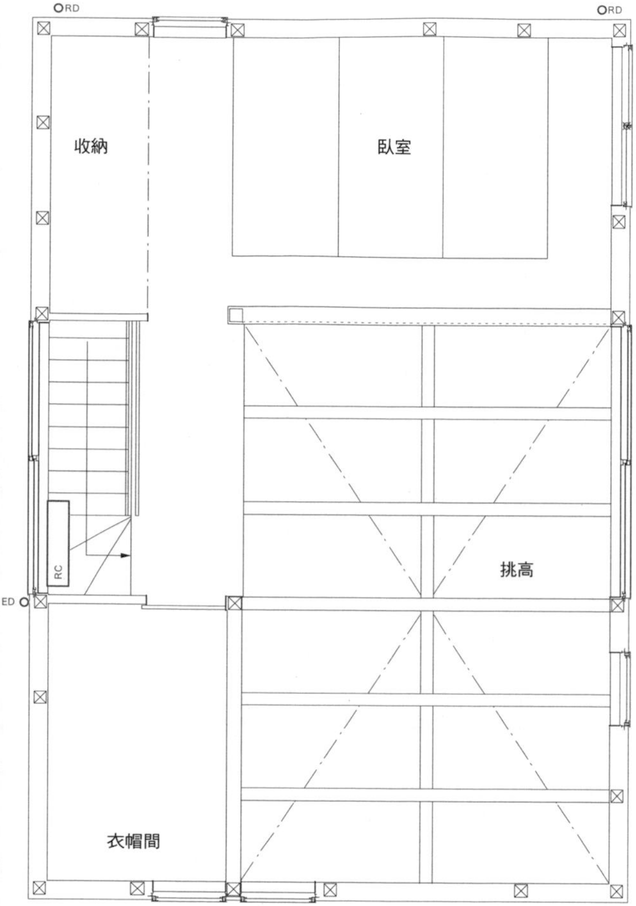

記號	名稱
	雙聯式水龍頭
	單聯式水龍頭
○	排水口
⊗	清潔孔
Ⓣ	排水管
ORD	排水天溝
OED	空調排水
⊖	屋內清潔孔
⊠	瓦斯開關閥
M	自來水表
⊗	止水閥・切斷閥
	瓦斯表
	瓦斯熱水器
—H—	熱水管
- -C- -	自來水管
—G—	瓦斯管
RC	空調

2 樓給排水衛生設備圖

給排水衛生設備圖

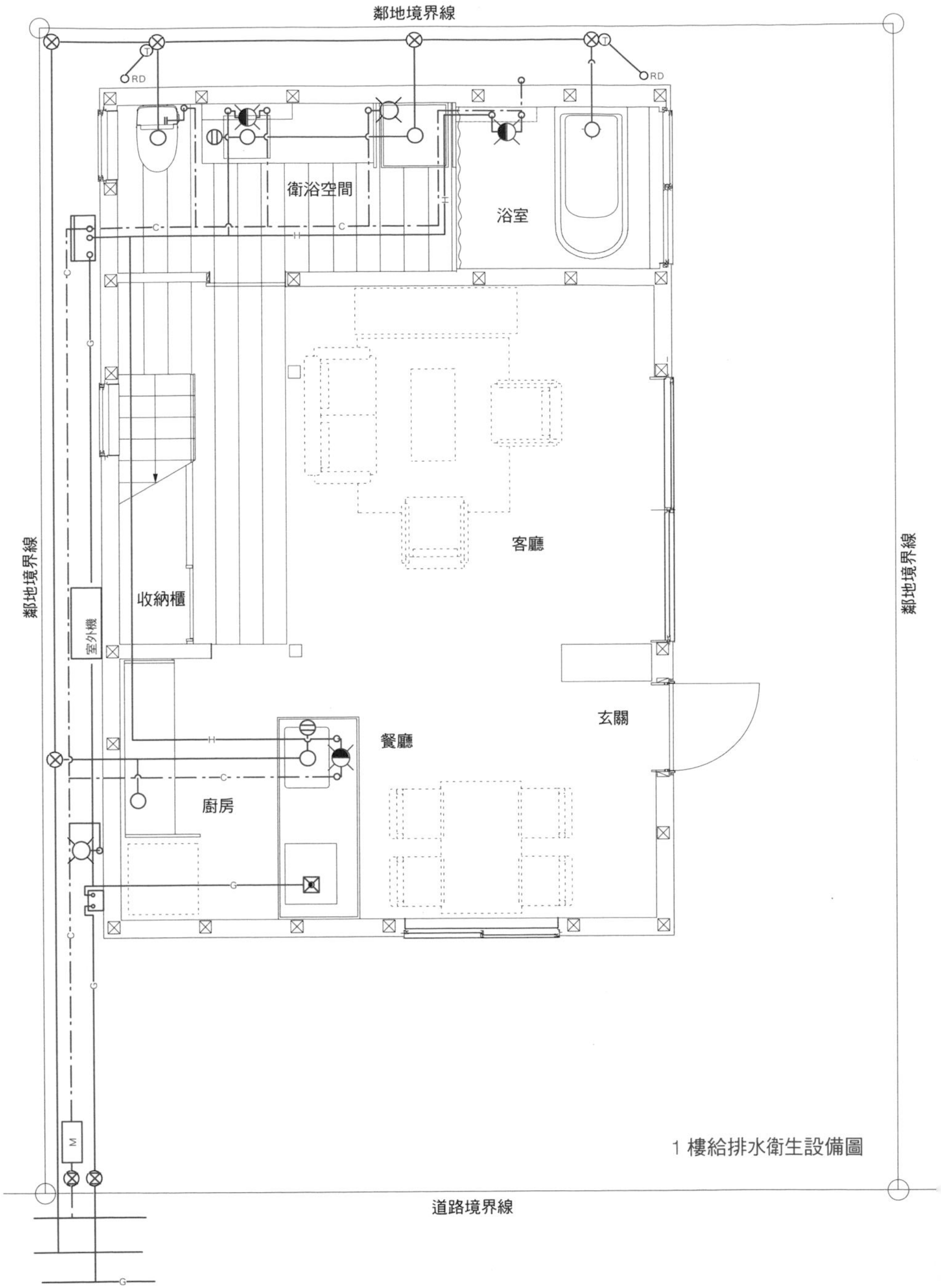

1 樓給排水衛生設備圖

定價 320 元
14.8×21cm
192 頁
單色

質感住宅巧思圖鑑

設計師教你打造質感住宅，徹底了解如何創造舒適又具品味的居家環境，什麼樣的家才有魅力呢？

這雖然是永遠都會讓大家頭痛的問題，但我想至少可以肯定的是，有魅力的家必定蘊含著令人眼睛一亮的設計和想法。

譬如把泥作牆面或木質地板等材質的魅力發揮到極致；或者在收納或動線上的細節用盡心思；抑或無論從家裡的任何角度都能看到窗外景緻，讓居住者感受四季變化；以合理工法、低成本打造出一棟好宅等等，有魅力的家其實具備各種面貌。好宅的魅力來自於設計師為了追求極致而費盡心思——每位設計師都在朝「打造質感住宅」的終極目標而努力。

定價 320 元
14.8×21cm
160 頁
單色

住宅思考圖鑑

打造住宅其實就是接受對自己人生的提問。我們到底有多了解自己呢？如果要你現在寫出二十個描述自己的詞彙，應該很難寫得完吧？因此，問自己問題正是引出解答的第一步。

像這樣找出自己心中的期望，並且反映在造屋上，就能實現充實每天的日常生活、豐富家人心靈而且終生喜愛的住宅。不盲從時下流行，而是用心選擇無論何時都令人記憶猶新的設計，必定能讓下一代也繼續傳承這種有魅力的住宅。

住宅沒有標準規格。所以請實踐自己的想法吧！如果像買車那樣，買進制式規格的房子就太無趣了。在住宅中增添自我風格、自己想要且喜愛的元素，打造一個全世界獨一無二的家吧！

定價 300 元
14.8×21cm
192 頁
單色

住宅格局黃金方程式

本書不但將專家們的「設計法則」分成四個章節集結成冊，更在各個章節裡穿插多個實際建案範例介紹；從專家們的經驗法則學起，最穩妥！

首章從最基礎的基地講起，一一傳授各個層面的設計法則和通則。依內容的解說需求，提供最多元的插圖解說、平面圖資料、實際彩照。循序漸進式的章節解說，並採用筆記式的編排方式，搭配幽默有趣的插圖，讓人在學習格局設計的時候，不由得會心一笑！——格局上的問題，就用這本書裡的方程式來解題吧！

定價 320 元
14.8×21cm
176 頁
單色

懷古日式建築剖析圖鑑

棲息在街坊巷弄的悄悄話，帶您漫步在歷史的軌跡。您可曾想過，日本的街道命名方式有其來由？明明沒有地藏菩薩卻叫作地藏坂，這究竟是怎麼回事？建築本身自然是重點，其他也涵蓋了洞窟、湧泉、坡道、暗渠、水路、路面電車、橋下、攤販、標誌等設計剖析。解讀蘊藏在街坊巷弄的神祕暗語，改變您對熟悉景物的看法！

本書帶您用散步的心情，輕鬆瀏覽江戶、明治、大正、昭和時期的特色建築與各種文物設計，欣賞日式建築的同時，也能獲得許多雜學小知識喔！

定價 380 元
18×22cm
224 頁
彩色

大師如何設計：
205 種魅力裝潢隔間提案

本書網羅 205 種，依照屋主興趣 · 嗜好所打造的設計實例；讓「家」除了睡覺、休息的避風港之外，還能搖身一變，成為最佳休閒娛樂場所！

書中的每個設計提案，皆搭配有全彩實例照片與平面格局圖或立體剖面圖，並提供建築概要資訊，讓你清楚掌握大師們的設計提案！

原來，獨具魅力的「家」，可以這樣令人眷戀！

定價 380 元
18×25cm
144 頁
彩色

大師如何設計：
光與風的森林系住宅

綠色植物－除了淨化空氣、調節溫度，更能讓居住者洗滌心靈，釋放壓力。早晨醒來，映入眼簾的是一片綠意盎然的景色，在現代都市叢林中，放慢腳步，感受光的灑落、風的輕撫，親身體會四季的變化，為日常增添色彩。

本書中收錄 17 個幸福住宅範例，書末更附上植物圖鑑，打造把光、風、景色融入住宅之中，跟綠色植物一起生活的森林系住宅。若想實現從裡到外融入綠意、隱密卻又開放的新設計空間；讓家人舒適生活、小孩自由成長、朋友輕鬆聚會的綠哲學空間，這會是一本值得參考的住宅設計書。

定價 450 元
21×28.5cm
144 頁
彩色

大師如何設計：「傢俱」讓我的家亮起來

未來將會改變住宅形式的是這些傢俱！！

現在是依照生活型態來選擇傢俱的時代，高收入家庭不再侷限於只購買高級傢俱。將義大利的高檔傢俱搭配 IKEA，或是將北歐傢俱配上無印良品等，像這樣用自己的風格「搭配」物品、擁有室內設計好品味的人，也漸漸增加中。對於傢俱抱持著興趣的顧客，是能夠重視家的本質、不只拘泥於價格，而是能夠理解傢俱本身價值的重要潛在客群。

定價 380 元
18×26cm
192 頁
彩色

高野保光 不設限の舒活住宅設計

高野保光：「我的理念是設計出一個不光只是利用理論，而是用五感與全身去思考、設計的家。」

不論時代、家族和住宅的形式如何變化，能夠讓家人團聚的空間果然是不能少的。將全家人聚集的用餐空間，至今對於每個家族而言，也是最重要的部份。

雖然難以用言語説明，但那個家能將自然與人緊密的聯繫在一起。雖然是敞開的，卻能感受到緊閉的包覆感，有如包覆般地將彼此連結，彷彿在遠方被什麼給守護著。只用理論或是學説設計出來的家，無法打造出能讓全家人的身心調和般的舒適空間。本書獻給住宅設計初學者，以及即將要建造自己家園的讀者們。

TITLE

隨機應變的家！孕育住宅計劃書

STAFF

出版　瑞昇文化事業股份有限公司
作者　佐佐木善樹
譯者　元子怡

總編輯　郭湘齡
責任編輯　黃思婷
文字編輯　黃美玉　莊薇熙
美術編輯　朱哲宏
排版　執筆者設計工作室
製版　大亞彩色印刷有限公司
印刷　桂林彩色印刷股份有限公司
　　　紘億彩色印刷股份有限公司

法律顧問　經兆國際法律事務所　黃沛聲律師

戶名　瑞昇文化事業股份有限公司
劃撥帳號　19598343
地址　新北市中和區景平路464巷2弄1-4號
電話　(02)2945-3191
傳真　(02)2945-3190
網址　www.rising-books.com.tw
Mail　resing@ms34.hinet.net

初版日期　2017年4月
定價　320元

國家圖書館出版品預行編目資料

隨機應變的家!孕育住宅計劃書 /
佐佐木善樹作 ; 元子怡譯.
-- 初版. -- 新北市 : 瑞昇文化, 2017.03
224　面 ; 14.8 x 21　公分
ISBN 978-986-401-156-8(平裝)

1.房屋建築 2.室內設計 3.空間設計

441.5　106001709

國內著作權保障，請勿翻印 ／ 如有破損或裝訂錯誤請寄回更換

IE WA KAUMONO DE NAKU TSUKURU MONO DEMO NAKU SODATERU MONO
© YOSHIKI SASAKI 2015
Originally published in Japan in 2015 by X-Knowledge Co., Ltd.
Chinese (in complex character only) translation rights arranged with
X-Knowledge Co., Ltd.